U0301367

Innovative
Design

创新设计丛书
上海交通大学设计学院总策划

旅游景区规划研究

周武忠

著

上海交通大学出版社
SHANGHAI JIAO TONG UNIVERSITY PRESS

内容提要

　　旅游景区是旅游产业链的基础。旅游景区规划理论尚处在探索阶段。本书针对困扰景区规划的几个突出问题，从理论角度论述了自然保护区、文化遗产地、城市街区、乡村旅游区和自驾车旅游基地旅游开发建设的原则和方法，首次展示了作者近年主持的旅游景区策划与规划案例，包括概念规划、总体规划、控制性详细规划、修建性详细规划、旅游开发规划、景区总体策划和旅游项目策划等不同阶段和层次的规划作品。

图书在版编目(CIP)数据

旅游景区规划研究/周武忠著. —上海：上海交通大学出版社，2019（2022重印）
ISBN 978-7-313-22551-1

Ⅰ.①旅…　Ⅱ.①周…　Ⅲ.①风景区规划-研究　Ⅳ.①TU984.181

中国版本图书馆 CIP 数据核字(2019)第 263479 号

旅游景区规划研究
LÜYOU JINGQU GUIHUA YANJIU

著　　者：周武忠
出版发行：上海交通大学出版社　　　　　　地　　址：上海市番禺路 951 号
邮政编码：200030　　　　　　　　　　　　电　　话：021-64071208
印　　制：上海万卷印刷股份有限公司　　　经　　销：全国新华书店
开　　本：710mm×1000mm　1/16　　　　印　　张：13.5
字　　数：210 千字
版　　次：2019 年 12 月第 1 版　　　　　　印　　次：2022 年 8 月第 2 次印刷
书　　号：ISBN 978-7-313-22551-1
定　　价：62.00 元

名家评价

　　周武忠老师在博士后流动站工作期间，从他本人的工作、实践和兴趣出发，就景观学、风景旅游景区的规划设计理论和方法开展了卓有成效的研究，并完成了多项相关的案例研究。大胆假设，小心求证，在工程规划实践中验证，在项目成果中较好地体现了这些论点。圆满完成所设定的工作内容和深度。

中国工程院院士、东南大学教授

——王建国

　　该报告在实践应用的基础上对旅游景区规划进行了多角度的深入研究，并提出了一些创见，具有理论价值和指导实践的意义。报告前期成果丰富，工作出色，最终报告是一篇优秀的博士后出站报告。

南京林业大学教授

——向其柏

　　周武忠老师在博士后期间工作努力，开展了大量实证性研究工作，取得了丰硕的成果。这样的研究对旅游发展有贡献。研究工作符合既定目标，研究成果先进。

东南大学建筑学院教授

——董　卫

目前的旅游景区规划重策划的多,规划做实的比较少。这份报告很务实,并从实践上升到理论,是一份优秀的博士后出站报告。

东南大学建筑学院教授

——阳建强

周武忠老师的博士后出站报告注重理论与实践的结合,不是为规划而规划,而是就项目做研究,站在规划实践和理论研究的前沿,在文化遗产保护与景区规划、非物质文化遗产的旅游产品化、自驾游和乡村旅游区规划等方面,提出了不少引导旅游景区规划发展的新观点、新理念、新方法,是一篇优秀的博士后出站报告。

中央文史馆馆员、东南大学艺术学院教授

——陶思炎

目录

第 1 章

绪论　旅游景区规划及相关问题思考

1.1　旅游景区的概念及其分类

　　旅游景区是旅游活动的重要因素,是旅游产业链的基础。旅游景区与风景区是有差异的,但许多旅游工作者和规划工作者在进行旅游规划设计时过于弱化这种差异,甚至将它们等同。但凡具有观赏、文化或科学价值,自然景物、人文景物比较集中,环境优美,具有一定规模和范围,可供人们游览、休息或进行科学、文化活动的地区,应当划为风景名胜区。而 GB/T 17775—2003《旅游区(点)质量等级的划分与评定》中指出,旅游景区是以旅游及其相关活动为主要功能或主要功能之一的空间或地域,是指具有参观游览、休闲度假、康乐健身等功能,具备相应旅游服务设施并提供相应旅游服务的独立管理区。该管理区应有统一的经营管理机构和明确的地域范围,包括风景区、文博院馆、寺庙观堂、旅游度假区、自然保护区、主题公园、森林公园、地质公园、游乐园、动物园、植物园及工业、农业、经贸、科教、军事、体育、文化艺术等各类旅游区(点)。它与风景区的区别是:风景资源的组合比风景区内的聚集程度低,特别是主体景观类型不如风景区突出;旅游景区比风景区范围大,属于高层次的旅游活动区域。由此看来,旅游景区是一个较宽泛的概念。

旅游景区有多种分类方法。按照旅游景点的属性(吸引特征)可以把旅游景点划分为自然型景点、人文型景点、人造型景点和复合型景点;按照旅游景点的功能(满足旅游者某一方面的需求)可以把旅游景点划分为观光型景点、度假型景点、娱乐型景点和活动景点等。按吸引物市场和形象景色的组合方式,可以分为"追随型"吸引物(常规旅游景区)、"灵感型"吸引物(如沃尔特·迪士尼)、"新版本型"吸引物(如东京迪士尼乐园)和"奇观型"吸引物(如悉尼歌剧院)。

邹统钎(2003)将我国景区基本上分为两类:一类以经济开发为主要目的,包括主题公园、旅游度假区等;另一类以资源保护为主要目的,包括风景名胜区、森林公园、自然保护区和历史文化保护单位等。这种分类法基本得到了国内旅游界专家和学者的公认,可见风景区是旅游景区的一类。在开发模式的选择上,第一类景区的开发目前处于多样化,既有政府投资开发,又有民营企业参与,以追逐经济利益为主要目的,已经形成比较成熟的体系,在业内达成了共识;第二类景区则因为资源保护的原因,主要还是政府投资,虽然也有非公有制资本介入开发,但对这种开发方式的可行性仍争论激烈。

20世纪70—80年代,"景观论"被引入旅游科学,出现了"旅游景观"新概念。将区域中具有一定景色、景象和形态结构,可供观赏的景致、建筑和可供享受的娱乐场所等客观实体,以及能让旅游者感受、体验的文化精神现象,甚至该区域存在的优美的环境条件以及旅游接待服务等内容泛指为旅游景观。这一新的含义逐渐被人们广泛接受。其中,有学者把那些区域环境中吸引旅游者,并能满足其心理及精神需要,具有相应的旅游价值及功能的客体和文化精神现象称为旅游资源。为便于同旅游资源相区别,而把那些主要为满足旅游者的生理需求,具有保障旅游者食、宿、行、购等功能的设施条件及经济服务实体,称为旅游载体或旅游社会经济资源。综合考虑,旅游景观离不开特定的区域,应该是在一定的地理地带内的一片占优势的、特有的景观类型(仅有自然景观,仅有人文景观,或自然、人文景观兼有)作为旅游资源客体,包括该区域的一定经济水平、服务接待设施基础,并依托一个或几个中心城市,建立起来的能为旅游者提供旅游活动内容的区域,也是一个聚合了自然、社会、经济、文化资源的综合体。

1.2　旅游景区发展模式

1.2.1　国外旅游景区开发模式研究

1. 国外流行开发模式

国外对旅游景区开发模式的探究可以追溯到 20 世纪 60 年代,到现在已经形成了比较完备的理论体系。发达国家在开发与经营方式的选取上,更多的是将旅游景区作为公益事业、基础设施,统一投资、经营和管理,其旅游景区一般是开放型的,采取一票制或无票制。在理念上,他们强调人的全面发展,对生态环境的保护、景区的可持续利用,以及社区的广泛参与。其中,以美国、德国和日本的开发模式最具有代表性。

目前发达国家对自然景区普遍采取国家公园模式(national park mode)。美国是世界上最先采用该模式的国家,国家公园管理水平居世界领先地位。在美国,国家公园产权归国有(部分等级不高的国家公园可隶属各州),由联邦政府专门成立国家公园管理局,对国家公园实行统一管理。景区一般分资源保护区与项目经营区,并彼此隔离。由政府对保护区和基础性建设项目进行投资,其他经营性项目可以由政府投资,也可以通过特许经营方式由私人和企业开发,同时政府对国家公园采取严格的监控,几乎所有国家公园都有独立立法,所有建设和开发项目都必须严格按规划执行。景区的开发、运营、维修管理费用与工作人员工资源于政府拨款和私人捐助,其理念是非营利性的,向全体民众开放,仅收取少量门票费甚至不收门票。一些不具有世界级影响的风景区,则由各州政府负责管理,以缓解巨大的旅游管理压力与联邦政府高额的财政支出。

德国则采用地方管理模式,中央政府只负责政策发布、立法层面上的工作,国家公园管理等具体事务全由地方政府负责,国家公园土地占有权属地方政府,其经营和管理经费也由当地政府自理。德国政府强调国家公园的资源保护,对民营资本入主开发有严格的限制,基本上持否定态度。

日本的模式则基本介于美国和德国之间。日本的公园分为营造物公园与自然公园两种,大致相当于我国的经济开发型旅游景区和风景名胜区。自然公园按资源等级又可分为国立公园、国定公园和地方自然公园。日本对自然公园的保护远大于开发,日本的自然公园法中有对自然公园非常细致详尽的保护条例。自然公园每年用于基础建设和环境保护等公益性领域的资金非常庞大,主要由国家或都、道、府、县政府承担,小部分通过自筹、贷款、引资等渠道解决;经营性项目投资的主体是民间资本,国家和地方政府更多是在制定和执行开发政策、法规等方面来进行旅游行政管理的。

2. 国外开发模式相关研究

国外旅游景区开发模式研究主要侧重于景区资源的理性评估、游客对景区的感知以及社区居民的参与方面。

加拿大学者 Lisa M. Campbell(1999)重点研究了哥斯达黎加一个名叫奥斯蒂奥纳尔、因为太平洋丽龟而闻名的村庄的旅游业,认为当政府对旅游景区发展干预很小时,一旦外国投资者进入景区开发,将没有其他组织能够对开发进行有效控制,可能导致资源与环境的破坏,将不利于社区居民的利益。Ralf Buckley(2004)研究了澳大利亚国家公园系统中世界遗产的作用,认为遗产对于地方旅游业以及其他相关产业的带动作用是巨大的,因此,应当对遗产类国家公园实行严格的保护与现代化管理。对于旅游资源价值评估,20 世纪 90 年代以来,条件价值法(contingent valuation method, CVM)在旅游资源货币价值评估中占据主导地位,但不少学者,包括 Mitchell(1989)、Karen Blumenshem(1999)等人对条件价值法的适用条件和有效范围提出了质疑,认为其存在大量的误差。O'Riordan 和 Willis 等通过对英国国家公园中农业景观的研究发现,在被测试的对象中,一半以上强调维持现状,对景观现状显示强烈偏好;在其余的对象中,绝大多数选择进行适当的保护和规划,尽可能保持现状。目前,有关当代社会对旅游景观变化的感知和评价的研究正受到重视。Marcjanna M. Augustyn 与 Tim Knowles(1999)认为,公共部门和私有主体之间的合作关系是旅游业发展的战略因素,政府与私人资本之间合作的重要性已经获得了广泛的认可,但是缺乏一套简明有效的评价标准。他们希望找出这种合作关系的关键影响因素,并根据纽约的案例研究,对长期有效的合作关系提出了许多意见与建议,体现在两者关系的重要方面。Joann M. Farve(1984)通过对冈比亚旅游业的分析,认为旅游收益不可能均等地分配给每个居民,处于经济、政治优势地位的群体较轻易地获取了大部分利益,处于弱势地位的群体如社区居民则一无所获,这种情况极易加剧强弱失衡的社会结构,使社区失去良好的发展机会。Carla Bodo(1998)认为,对于一般的文化产业(如电影、出版、电视等),私有化是较为可行的,但在遗产领域,则要谨慎。一般来说,遗产单位的附属型商业服务可以由私人企业承包,并进行营利性经营,但如果遗产(如历史纪念地、博物馆、国家公园等)本身由私人企业承包,以市场为中心的经营战略将使它们成为营利性的商业活动,从而危及遗产的首要的社会、教育和科学使命。Mansperger(1995),Flinch和Butler(1996)认为,在外来资金投入到旅游景区开发经营的过程中,投资者实际上在操作中拥有景区基础设施的所有权,其后果往往是弱化了当地社区自身的文化体系和自主权利,增强了他们对外界的依赖性,也不利于严格的生态保护。从这些国外的文献,我们可以看出,国外旅游研究者大多比较关注旅游景区开发中社区居民和游客两种相对弱势的群体,并认为应当保护他们的权利,维护他们应得的利益。

1.2.2　国内旅游景区开发模式及其研究现状

国内旅游景区开发模式则是最近 10 年才有人提出并研究的,尚处于摸索阶段,可以说尚未形成完整的理论体系,与西方旅游发达国家的差距很大。

1. 国内旅游景区开发现状

国外国家公园的管理模式给国内学者不少启示。谢凝高(2000)、郑易生(2001)等倡导国家公园体制。他们指出,即使在高度私有化和商品化的美国,国家公园也属国家所有。但在土地国有的中国,却将土地资源承包开发,使国有景区股份化、私有化、企业化,在满足少数人暴利的同时,造成广大游客的经济负担;而且旅游公司在经营旅游景区的过程中过度开发,造成遗产的破坏,因此上级管理部门应当积极筹备建立有中国特色的国家公园体制。徐嵩龄(2003)曾将这种派别称为"国家公园派"。与此针锋相对的则是"产权转移派",以魏小安(1999)、张凌云(2000)、张吉林(2001)等人为主要代表,其主要观点可以有逻辑地概括如下:文化与自然遗产是经济资源,因而必须遵照市场方式,让市场推动遗产的开发与经营[①]。还有一种派别,不妨称其为"分类治理派"。这种派别的主要观点是应当选取重要级别的遗产类保护区实行类似美国的中央集权管理制度,实现对旅游资源的有效保护;对一般级别的旅游景区,可以采用灵活的开发和治理方式,充分发挥其经济价值。这一观点以徐嵩龄(2003)等人为代表。

从目前的状况来看,国内旅游景区的体制结构仍然是传统的公有制垄断经营,政府主导型开发模式占大多数(80%)(潘肖澎,2005)。目前,国内旅游景区开发模式的改革主要表现在景区经营权出让和企业化运作两方面。在我国,旅游景区开发模式研究虽然起步较晚,思想与理论体系都还不成熟,但在短短的几年时间内已经蔚然成风,并继续显示出强大的生命力,直接指导着旅游景区开发的进行。从总的方面来说,国内旅游景区开发逐步迈入正轨,景区开发数量、质量都不断攀升,从一个侧面折射出旅游景区开发研究的不断发展。自1997年湖南张家界出让黄龙洞风景区于北京大通有限公司以来,从体制、经营等方面创新的开发模式不断涌现,如四川雅安采取民营企业入主开发的"碧峰峡模式",国有企业经营旅游景区的"海螺沟模式",以及素有旅游企业华侨城之称的"曲阜模式",成立股份制公司经营的"黄山模式"等。这些新开发模式考虑了旅游发展的动态因素,将国外流行的生态旅游、可持续发展、以人为本等元素注入旅游景区的规划与开发中,在一定程度上符合旅游发展前进的方向,促进了国内的旅游业同世界接轨,推动了国内旅游业的发展。但由于这些开发模式缺乏和中国旅游景区发展体制的有机结合,政府相关人员与旅游从业者在开发理念上也难以在短时间内飞跃,再加上旅游景区开发模式的研究没有形成系统有效的理论,尚处于激烈的争论中,这些传统与现代模式经营下的旅游景区大部分仍然是在靠单纯的旅游资源发挥作用,而旅游资源相对较差,或由于经济、文化以及社会等各种制约因素,使得旅游开发受到种种限制的景区的旅游业可谓是惨淡经营。因此国内旅游景区开发现状仍然比较混乱。随着

---

① 徐嵩龄.中国文化与自然遗产的管理体制改革[J].管理世界,2003(6):63-73。

中国加入WTO,一方面,国外的先进发展理念不断刺激着我们旅游从业者的眼球;另一方面,我们还没有充足的理论研究接受这种成熟的开发和经营模式的思想,两者在短时间内寻求了一种简单的妥协式的结合。表现在应用上,一方面,许多旅游景区开发工作者在不断追求大胆创新的同时,没有很好地注重经济开发同旅游景区资源与环境保护的有机结合,形成了部分地区旅游景区开发同政府部门、旅游业人士的理念以及景区内部运转矛盾的局面;另一方面,有更多地区的景区开发则由于资金、人才等方面的缺乏,理念上仍然没有创新,对市场的理解仍是卖方市场的观念,依旧停留在传统的开发模式层面,难以适应现代旅游市场的要求,在旅游市场竞争中处于劣势。

2. 开发模式研究现状

在现有公有制垄断仍处于主导地位的背景下,不少研究者提出了许多创新的开发模式。这些开发模式不断地推陈出新,已经完全由之前的静态景区开发转变为动态性,其创新主要表现在以下几点:首先是对现有经营体制的革新,即打破公有制垄断的主导地位,最显著的研究是对国营、民营甚至外资企业对旅游景区经营的介入的可行性分析;其次是对发展理念的创新,纠正了许多旅游从业者如"旅游是投资少见效快的产业""旅游业是无烟产业"等错误观念,并成功地将国外强调人性化的理念引入国内的旅游开发中,如"以人为本""生态、社会及环境可持续发展",而且善于结合其他学科,如人类学、社会学、伦理学、经济学、环境学等;再次是对经营方式的创新,对原有的以资源为导向型的观念进行彻底的批判,提出了以资源与市场结合的经营方针,以及对旅游景区公司的上市等若干经济问题的研究。可以看出,这些研究基本上是适合旅游业发展要求的,然而在转化为实践指导的过程中,尚不一定都能符合各景区的具体情况。

经过40多年的改革开放,我国原有的高度集权的计划经济体制已经逐步解体,社会主义市场经济体制逐步建立。政府对旅游经济活动的管理也从全面的直接干预变为间接的引导和调控,旅游业单一的产权结构已经为多元化的所有制关系所取代,国家、地方、集体、个人和外资企业已经活跃在旅游经济的各个领域,成为我国旅游业的有机组成部分。种种状况说明,我国旅游管理体制的变革和创新已具备了相应的前提条件,也有着较大的突破空间。许多旅游景区纷纷进行管理体制的股份制改革,如黄山、武夷山等;同时,部分景区出让经营权"先斩后奏"的做法,也逐渐得到了政府的默许。我国加入 WTO 后,已于 2003 年兑现"外商可以在中国投资景区,景区景点可以对外资实现转让、出租经营、委托经营等新的模式"的承诺,从此外资企业也可以同国有和私有企业享受同等的购买景区经营权的权利,进一步为旅游景区的开发经营打开广阔的市场。

对旅游景区的企业化经营,国内学者普遍持支持态度。魏小安(1999)提出旅游景区筹备上市的积极性,指出旅游景区上市只是景区经营公司的上市,而不是将旅游资源上市,景区上市是一个严格审批的过程,不可能造成市场混乱。如果全面禁止景区公司上市,将意味着我们多年来持续的现状还要持续下去,多年来积累的问题仍然得不到缓解,目前存在的供求之间的比较尖锐的矛盾会进一步突出。张凌云(2000)也指出,旅游景区管理公司只是拥有景区的管理权和经营权,而不拥有其财产占有权,资源属国家所有的性质并不会因经营权的转移而发生变化。因此,不会存在部分研究者担心的因"企业兴衰多变,寿命有限",而影响到自然文化遗产的"世世相传,永续利用"。然而也有不同意见,徐嵩龄(2000)就认为旅游景区只适于企业化经营,不适于上市经营。他认为,旅游景区企业化经营是解决当前景区管理经费和当地居民生活出路等具有威胁性问题的现实途径,景区上市经营则会弱化社会公益性,这不符合市场经济规则,既不利于旅游业发展又不利于资源保护。

对于旅游景区开发中的经营权出让,是许多学者论述的焦点。刘德谦(2003)认为,目前某些企业通过合同获得某一旅游区域的有时段限定的经营权,实质上是一种基于旅游开发的租赁活动,是法律允许的。魏小安(2000)认为,任何一个领域,只要经营权的分离能够切实保障所有者的权益,所有权和经营权都是可以相对分离的。张广瑞(2001)认为,景区所有权和经营权分离本身并不一定会带来景区环境破坏。景区经营权、所有权不分离和出让经营权只是经营方式的转变,是由谁经营的问题,而不是经营得好不好的问题。景区资源遭到破坏往往是由于管理过程中出现了问题。随着旅游需求的增长,景区旅游人数的增加,如果景区的资源管理不善,即使经营权不出让,照样会破坏环境资源。阎友兵(2004)认为,国内旅游景区的经营权出让,争论焦点主要集中在 4 个问题上:一是从产权角度来看,旅游景区产权可否分割问题,即经营权可否从产权中剥离出来进行招商、转让的问题;

二是从经济角度来看,国有资产是否会流失的问题;三是从法律角度来看,法律法规是否会缺失的问题;四是从可持续发展角度来看,如何对资源进行开发与保护的问题。田振花(2002)认为,旅游景区经营权转让属于资本交易而非产权交易的范畴,前者的交易对象为企业的实体资本,后者的交易对象是国家授权的机构或部门,因此,景区经营权的交易无须政府的审批;但另一方面,这种交易必须在政府监督下进行,否则就可能化资本交易为产权交易。

还有不少学者也提出了具体建议甚至详细措施。林长榕(2003)认为,应当把科学制定景区规划、强化规划管理作为景区经营权出让后的强制性要求来实施。唐湘辉(2004)认为,目前国内部分景区实行的景区经营权拍卖出让方式值得推广,这种方式透明度高、比较公平,能够惠及其他利益主体,而且能短时间内增加较高收益,引进先进的经营制度和理念。董莉莉、黄远水(2004)认为,应当实行三权分离,将所有权归属国家,投资商拥有一定时限的开发使用权,由专职行政部门负责景区管理。阎友兵(2006)认为,对旅游景区经营权转让系统建模,该模型由科学评估、法律制度、监督管理与生态保护四部分组成。杨育谋(2002)认为,应当在发展的同时保护好自然景区,提出建立一套完善的景区经营权转让制度:缩短所有权代理链条,分清部门责任;完善景区无形资产的评估办法;明确规定景区资源保护的具体办法。朱强华(2005)在其硕士学位论文中详细介绍了整体租赁模式的适用性,即整体租赁模式是将某一资源或产品以整体的某项权益出租,同时获得一定的经济或其他形式的回报。他认为,该模式以追求地方和企业的双重发展为目标,坚持三权分离,不仅使经济欠发达地区获得了发展经济、快速致富的机会,也在一定程度上突破了现有管理体制的束缚,适用于资源价值等级较高、地方经济欠发达且地方政府大力支持的地区。

由此可见,在旅游景区开发模式选择上,民营企业和国企进入景区经营基本上是符合众多学者的观点的,但是也有不少学者(包括上述学者)对旅游景区经营权出让持审慎甚至反对的态度,主要围绕国有资产的流失、政府对景区开发的监控、相关法律法规的出台以及景区的社会效应、景区的文物资源以及环境保护与可持续发展等问题有不同看法。如谢凝高(2003、2005、2006)认为,风景名胜区与世界遗产本身并不是旅游资源,具有多重价值与功能,旅游价值只是其中之一,在这些以资源环境保护为主的景区内,应当避免商业性的旅游经济开发。同时建议我国风景区分为 5 个区,即生态保育区、特殊景观区、文化遗产保存区、服务区(游憩区)与一般控制区,批评国内目前流行的违背建设部有关规定私自出让景区经营权的做法为"先上车,后买票",并建议国家政府加强对景区的立法与监管。邹统纤(2004)认为旅游景采用委托经营的方式,容易导致官商勾结和"暗箱"操作,最终导致国有资产的严重流失,应当对旅游景区资源价值进行科学评估。徐嵩龄(2005)认为风景类土地资源的商业性开发,必须遵循两条原则:一是使开发的经济效益最大,即"经济效益原则";二是使开发产生的负外部性最小乃至为零,即"外部制约性原则"。唐湘辉(2004)认为,应当建立项目开发的环境影响评估制度,对所有的开发建设项目进行环境影响评估,并采取措施最大限度地减少对环境造成的影响,同时增加环保资金投入,营造良好的生态环境。张进福(2004)以武陵源、武夷山、泰山等世界遗产部分景点经营权转让后的破坏性开发为实证,认为原生型资源旅游景区有别于一般景区,具有经济价值无法涵盖的特殊价值,是"公益性财产",其首要目的应是保护而非开发,因此不适合经营权出让。徐建军、颜醒华(2005)认为,目前国内流行的 30—70 年的经营权转让时间过长,已经超过一般企业 5 年左右的平均寿命,容易导致景区开发经营者在长期无外部竞争压力的条件下不良经营,在有效时间段内对景区资源的掠夺性开发。依绍华(2003)认为,由于旅游景区出让活动造成景区所有者虚位,在土地资源稀缺的条件下,会有不良企业出于利益的需要进行"暗箱"操作,进入景区后又不进行旅游开发而是挪作他用,或者转手倒卖,即所谓的"圈地运动",给投资者带来暴利的同时,扰乱了旅游资源开发的正常秩序,导致过度投资。彭德成(2003)认为,在旅游景区经营权出让的过程中,旅游资源的价值评估体系存在问题,旅游资源以定性评价为主的价值评估体系,对货币化的定量评估仅从经济学的角度研究某实体资源的市场价值,通常还不包括知名度、美誉度、影响力等旅游景区无形资产的市场价值,从而使得资源价值常常被低估,进而容易导致国有资产的流失。钟京涛(2002)指出,旅游景区开发经营权转让过程中土地资源的价值未引起政府部门的足够重视,不少政府为了吸引招商引资,不惜免费出让景区经营权,结果极容易造成景区过分追求经济利益而导致忽视社会与环境效益的破坏性开发。

3. 小结

通过上述对旅游景区开发模式研究综述的总结与分析,可以发现以下几个特点。

其一,目前对旅游景区开发模式研究的文献,多侧重于3个方面:旅游景区经营权能否出让;开发过程中资源的可持续利用与生态环境的可持续发展;国家法律法规的约束和政府相关部门的监管。而对于资源与经营权价值的准确评估方法、景区周边居民的社区性参与以及游客的体验,则较少涉及。事实上在景区经营权出让的问题上,不仅当地政府同受让企业之间存在利益博弈,建设部同当地政府、当地居民同受让企业以及游客同受让企业等之间,都存在自身利益的博弈关系。本书将在后面章节中论述。在旅游景区开发模式选择上,虽然不少学者持谨慎态度,但多数学者基本赞成景区经营权出让与企业化经营。

其二,已有文献研究欠缺深度与预见性,难以付诸实践或是走在实践之后,显得较为被动。常常是某一种开发模式已经出现,甚至已经产生了较大的社会反响,政府主管和其他相关部门、开发商、社区居民、旅行社以及旅游者之间矛盾激化到一定程度,才有相关文献问世,而且提出的解决方案可操作性不强,缺乏针对性,难以解决现实中存在的各种问题。国外研究是建立在景区开发模式已经较为完善、政府投入资金比较充沛的条件下的,因此除了管理与市场化运作经验外,可供借鉴之处不多。从另一个角度也可以看出相关研究还大有潜力可挖,可深入性与扩展性较强,相信进一步的研究将会越来越多,争论还会更激烈。

1.3　旅游景区规划及规划研究

什么是规划呢?这是我们首先要解决的问题。Rose(1984)认为,规划是一个多角度的综合工作,涵盖了社会、经济、政治、心理、人类学和技术等诸多因素,并涉及规划对象的过去、现状和未来。规划是为了达到某个目的或某项任务,对现有操作计划所做的设计。旅游规划则是对未来旅游发展进行预测、协调并选择为达到一定的目标而采用的手段。本质是调适旅游需求和旅游供给的关系。旅游规划主要分为旅游发展规划与旅游景区规划。前者也叫旅游经济与产业规划。

旅游规划的真正开始是第二次世界大战以后,旅游业的快速发展打破了经济、社会和环境的平衡关系。旅游规划的目标主要是提高旅游业的经济效益,提升游客满意度,进行部门、行业和社区的整合,保护旅游资源。

旅游需求是旅游业发展的动力,因此,旅游规划应遵循市场与供给面(即为满足旅游业发展必须提供的各类基础设施和服务设施)原理。它如同制造业一样,最受市场欢迎的产品就是最佳产品。在市场经济条件下,市场与工厂模式往往表现为市场变化快,工厂适应慢;一个成功的企业必须有强大的研究与开发能力,熟悉产品生命周期的市场和营销网络。旅游产品的开发和市场化比工业产品的周期更长、更复杂,还需要提供符合市场需求的供给面。任何供给面的发展必须配合旅游市场的需求,否则应该通过旅游规划加以协调。

1.3.1 旅游景区规划的 3W&H 方法

规划的种类有很多,有战略规划、总体规划、详细规划等。中国的规划经历了从无意识自然粗放的规划到工程性规划到控制性规划,再到现阶段的概念性规划;从功能主义到现实主义,再到后现代主义的历程。从总体规划到详细规划的不同阶段,都有章可循,唯独概念规划,目前没有规范,却是最富创意的规划阶段,而且,随着规划目的的多样化,概念规划的市场前景很大。因此,这里重点讨论概念规划(conceptual planning)。

同企业的“概念产品”如概念车、概念手机一样,概念性规划同其他的规划有着很大的区别。概念性规划顾名思义,首先是一个概念性的东西,是通过对客观事物的过去以及现在的仔细分析研究之后得出的未来发展的理念和设想。总体说来,概念性规划就是以解决未来发展问题,满足未来发展需求为根本目标的。它具有很强的概括性和理论深度,概念性规划的精髓就在于,它能提出科学的理念,崭新的设想。尽管概念性规划不像其他规划那样烦琐、详细,但它所具有的战略性和前瞻性特点却使它的地位变得很重要。

由于对“概念性规划定义”理解的差异,概念性规划的方法也是多种多样。正确理解和认识概念性规划,才能有效地把握规划的方法。要从方法论的高度来分析和概括概念性规划,对其流程进行深刻而广泛的研究论证,就必须清楚地认识为什么要做概念性规划、做一个什么样的概念性规划、为谁做、谁来做以及如何做这几个问题。即 what、why、who 和 how,简称 3W&H。

1. "why"

为什么要做概念性规划?首先看是否有需求;其次看是否有必要;再次看是否有可能。要回答这几个问题就必须对规划对象有一个深入的认识和了解。即概念性规划的缘起和初衷,以及概念性规划的背景和条件。要了解这些具体的内容,笔者强调的是基础分析的重要作用。在现实的规划过程中对象信息的欠完整是常事,虚假滞后的信息也会充斥,"why"的提出就是针对这些现象的。有的概念性规划"大胆设想",但是缺乏基础资料的分析论证。重基础分析、弄清楚规划动机以及重研究是为概念性规划打下扎实根基,掌握充分被筛选过的有效信息是避免日后做无用工的起点。有关"why"的基础分析,内容包括了规划对象的区位条件概况、相关性分析,PEST 分析/SWOT 分析是常见的具体分析角度和分析方法。在分析过程中,规划者倾向于与同质的规划进行比较,并通过现有的同类规划的成功来说明可行性,增加说服力,规避风险,但是这也增加了抄袭雷同的概率。在很多情况下,选择的对比对象都具有很强的主观性甚至盲目性,在基础分析中选择正确合理的比较对象才能体现出基础分析中比较的意义,才能作为测评的依据。

比如,我们在做南京韩府山景区的概念性规划时,就对其进行了深刻和细致的分析。从资源背景到开发现状,再到市场需求,并充分考虑其在未来社会发展以及规划的实际意义后得出为什么要做这个规划,做这个规划的意义何在。由于韩府山景区处在南京环城游憩带的特殊位置,通过对南京市近 20 个其他同质、同类的景区、景点进行比较分析,找出该项目的优势作为突破口。一方面,实地考察规划景区,结合实际,发挥优势,突出特色,大胆创新推出新的理念,因地制宜,尽量减少对周边原有自然环境的影响;另一方面,做好充分的市场调研,确立景区的市场定位,适当地开发人工项目,使韩府山景区的概念性规划具有很强的指导性和可行性。

2. "what"

"what"阐述的是做一个什么样的规划,就是概念性地描述规划的目标,在目标确立的过程中要充分地体现前瞻性。概念性规划是为决策提供依据的最高层面的谋划,目标定位十分重要。在概念性规划中目标是涵盖范围广泛的宏观体系,包括了性质目标、总体目标和分阶段目标等,从内容上来看可以从社会、经济、文化、生态环境等方面设定目标。"what"也是一个规划说明战略的过程,产业、产品、品牌形象的定位以及系统化都是在这个环节揭示的问题。概念性规划对当前现实本身就具有一定的间隔度,这个"what"对于实施细节不具有约束性。一提到规划,往往就是同收益相挂钩的。生态旅游发展的战略是近几年规划工作中普遍涉及的一个问题,其中如何处理经济收益最大化和破坏最小化的问题是战略所关注的焦点,人们把保护和发展相结合,把生态作为概念性规划的指标,但是如何落到实处仍欠考量,是概念性规划中的一个难题。还要强调的是,如果相关政府部门的规划思想和目标尚未达成共识,甚至意见有分歧时,概念性规划就很难形成成熟的思想,从而失去了概念性规划存在的合理前提。以旅游规划为例,目前的许多规划主题不明确,与内容相冲突,就有"主题空心化"的趋势。规划的尺度和范围的适宜问题也在很大层面上影响了"what"的内容。以旅游规划为例,许多地方性、概念性规划都没有弄清楚"what"的问题,即究竟要做什么? 笔者曾参与某规划评审,该规划基础分析做得很好,但是究竟是要建设中央商务区(CBD)、度假区、国家级风景区、5A级旅游区、生态保护区还是新城区中心都未确定,丢了规划的大方向,规划者的意图大而全,虽充分体现了综合性,但模糊了焦点,到底以什么功能为主,并不明确。在考虑"what"的研究过程中就是要结合"why"的研究成果;而在这一规划中,却把CBD布置在生态湿地保护区中,忽视了基础条件,显然欠妥。

3. "who & who"

任何一个规划,都是双方的。概念性规划也不例外。"who&who"就是要讨论概念性规划的双方即为谁做和谁来做的问题。如果把要做概念性规划的对象当作客体,那规划的双方都是主体。既然概念性规划有双主体,那必然要满足双方的最大要求,又或者说是双方博弈的最终结果。

首先,概念性规划为谁做? 对谁负责? 这里的"谁"指的就是该规划项目的提出者、是规划的委托方，第一用户和最终的项目实施者，即我们所说的客户，通常指的是国家政府集体、投资方或者开发商。无论是社会公共性质的还是私营性质的，既然提出要做概念性规划，那他们必然希望能获得效益上的最大化，尽管对于政府来说，这里的利益可能指经济效益、社会效益、生态效益等多个方面。作为对概念性规划具有生杀大权以及概念性规划的最终实施者，这里的"谁"必须充分认识到自己的实际需要、规划出发点以及未来发展目标。到底规划要达到一个什么样的目标，并且能带来什么样的效益以及如何在实际发展与规划相冲突时进行取舍，这是作为一个规划主体必须考虑清楚的问题。

其次，就是概念性规划到底应该由谁来做？在市场经济体制下，这里的"谁"就应该指具有一定规划资质的部门、机构、企业和团队。概念性规划是一个复杂的系统性工程，不可能由一个人或者少数几个人来完成，需要由跨学科、多种知识背景的团队来共同完成。由于这里的"谁"肩负着直接对规划进行起草制定和修改的任务，是概念性规划的最直接创造者，将直接影响规划主体的决定权以及规划客体项目的未来发展方向。因此，规划由谁来做？要求规划者要责任意识强、经验丰富、大胆创新、敢为人先。

4. "how"

"how"解释的是如何实施这个概念性规划。这需要具体问题具体分析，涉及具体的概念性规划的落实过程。在这个部分中，产业规划的先行、支持系统的培育、营销策略、行动计划等问题不需详细说明，只要提出概念和思路进行引导即可。特别是概念性规划往往是思想上的宏观掌握，涉及政府相关部门。政府在观念性规划的实施过程当中扮演了有关规划、统筹、协调、引导、促进和保障等角色。"how"也体现了对科学性规划实施手段的探索，通过科学的管理手段进行合理的引导。

"3W&H"的系统方法使得概念性规划当中的要素关联具有逻辑整合性，是一种创新的尝试。

1.3.2 景区规划操作程序

旅游景区规划是个系统性工程，旅游景区规划体系的一个重要组成部分就是规划报告的编制。规划报告的编制工作是一个过程性工程,要有一套科学的技术方法。在这一系列的技术性工作中,有五大板块最关键:①把握"两个先知",做好前期基础性分析工作;②确定旅游景区的发展目标、发展战略、主题形象;③对景区的空间结构进行科学而合理的布局,以及根据旅游区资源状况和目标市场定位进行旅游项目设计;④做好景区的基础设施规划;⑤合理地安排开发时序和进行规划经济分析。

1. 把握"两个先知",做好前期基础分析工作

"知己"的过程就是了解自我的过程,要做到对规划地旅游业发展状况的清晰认识和对规划地所拥有的旅游资源的透彻分析,为旅游景区的空间布局规划、重点资源开发做好铺垫。这一过程中还要重点加强对规划的相关性进行分析,尤其是相关规划分析和同质景区、景点分析。相关规划分析主要为了让规划能够与城市总体规划、土地利用规划相适应,与其他相关规划相协调,做到规划的思想和理念能够与先前的规划,尤其是上级规划的思想和理念保持基本一致,不要脱离已有规划的基本框架,尤其是那些对于本次规划来说依然合理的方面。只有做到规划的上下一致性和相互间的协调性,才能够真正做到规划的科学性和合理性。同质景点分析主要是对周边的与规划景区具有一定可比性的景区和景点进行比较,找出它们各自的特色和优势,以及与规划区是否构成合作或竞争等。通过同质景区、景点分析,使规划景区在未来规划过程中能够做到功能定位、形象定位和产品设计的差异性和个性化,避免不必要的竞争,从而也从根源上去除恶性竞争的可能性。"知彼"的过程就是了解他人的过程,要做到对规划地客源市场的科学细分和合理定位,从而为景区的市场营销、形象设计做好铺垫。通过"知己知彼"做好规划前期的基础分析工作,为以后的规划实质性工作,尤其是旅游产品的设计和景区的市场营销做好准备。

2. 确定景区的旅游发展目标、发展战略、主题形象

1) 确定旅游景区发展目标

景区的旅游发展目标决定了景区旅游发展的速度,是整个景区规划开展的核心,是景区旅游发展的纲领性指标体系。在确立旅游发展目标的过程中,首先要对21世纪旅游业发展的总体特征有个清晰的把握。根据世界旅游组织的预测,旅游

业已经具有如下特征：①进入中速时代；②不同目的地之间的竞争日益激烈，增长越来越多的依靠从竞争对手手中争夺市场；③国家放宽了管制并认同私有化，更多地依靠市场机制来调节运行；④对旅游业所产生的经济、社会文化和环境方面的影响的认知越来越深；⑤旅游者对目的地及其产品的特征及质量的了解越来越多，对旅游产品和服务质量的要求也越来越高等。虽然这些是对整个旅游行业发展趋势的预测，但是对于旅游景区的规划同样具有一定的指导性意义。对于景区旅游发展目标的确定最重要的就是要确定旅游人数指标、旅游收入指标和旅游就业人数指标。

2）制定景区旅游发展战略

就战略本身的定义而言有很多种，但是本质上都是为了计划的顺利实施从而实现先前的规划目标。旅游发展战略也不例外。我们认为，旅游发展战略应该是根据旅游市场的各种变化因素和自我旅游资源条件，制订出可以超越竞争对手的旅游发展模式，并且根据这个模式来调配自身旅游资源的一个过程。旅游发展战略的制定要充分考虑 3 个因素：

(1) 要充分考虑旅游市场的各种因素。

(2) 制订出的景区旅游发展模式要能够使景区在同类景区、景点的竞争中占有一定优势，尤其是要凸现自我特色。

(3) 要根据这个模式合理配置自身资源，开发出有针对性的旅游产品和项目。

3）主题形象定位

旅游规划工作过程中的一个重要工作就是进行目的地营销规划，狭义的目的地营销规划主要就是对目的地的旅游形象进行定位，以及对旅游形象进行推广和促销。随着旅游业的发展，研究者逐渐发现景区的主题形象是吸引游客最为关键的要素之一。进入 20 世纪 90 年代以后，旅游产品之间的竞争越来越激烈，在这种情况下，进行旅游景区形象策划和推广显得越来越重要。21 世纪属于精神经济时代，物质形式的生产和消费增长饱和，非物质产品的生产和消费逐步扩张。旅游产品很大程度上属于一种精神产品，它的营销更依赖旅游形象的建立和推广。在对旅游景区形象设计时要注重对地方性、受众程度和竞争者（形象替代者）的研究。

3. 对景区的空间结构进行科学而合理的布局

为了便于景区管理、空间结构优化组合以及适应市场竞争条件下景区旅游业的健康发展,景区旅游规划十分强调对空间结构的科学布局。依据景区的资源赋存、客源市场等因素,结合上级规划和有关规划内容,对景区的总体空间结构进行全面、科学和合理的布局安排。

对于政府而言,政府在进行旅游业宏观调控管理方面,通过对景区的空间结构的控制,可以有效地推进景区旅游业的可持续发展。同时,对于新开发的景区而言,合理的空间布局所产生的相对独立的功能分区能够为对外招商引资提供方便。

4. 根据旅游区资源状况和目标市场定位进行旅游项目设计

景区旅游项目的策划和实施是景区旅游发展的灵魂,也是景区对外引进资金进行合作开发的中心环节。因此,旅游项目设计应该是景区规划的核心问题。一个景区适合开发什么样的旅游项目主要和两个因素有关:一个是景区本身的资源条件,这也是景区旅游项目策划的基础;另一个就是景区所定位的客源市场,这也是景区旅游项目策划的导向因素。旅游项目的策划要能够结合两者,做到既能够合理地利用好景区资源,又能够满足旅游者的需求。在景区旅游项目的策划过程中,应该防止过度房地产化和城市化倾向。这也是当前大部分景区面临的一个重要课题。

5. 做好景区的基础设施规划

景区规划的关键是策划出独特、新颖的旅游项目,基础设施的规划则是为项目的顺利实施提供紧密的服务,为其创造安心舒适的旅游度假环境,因此,景区基础设施的规划是景区可持续发展的保障。在景区基础设施规划的众多要求中,景区道路系统建设和游览设施规划是最为关键的环节。就景区道路而言,它虽然不是旅游者游览的主要对象,但是它对景区的烘托作用非常明显。同时,景区交通的便捷程度也往往与旅游者的游览效果成正比。因此,在景区道路规划的过程中,要注重道路规划的科学性,使之既能够满足游客游览的需要,又能够满足日常景区安全管理的要求;既要有供游客步行游览的步行道,又要有能够供消防车通过的应急道。

6. 合理的安排开发时序和进行规划经济分析

景区的开发并不是一蹴而就的,需要一个科学、合理的开发时序安排。在景区开发时序的安排上要遵守两个基本原则：一个是要保障景区建设的有序进行；另一个是遵循基础设施以及可行性较强的旅游项目先行原则。

旅游景区开发的一个重要原则就是能够保障收支平衡。因此，在景区旅游规划报告的编制后期，要对规划进行经济分析，主要包括投资分析和收益分析。如果投资和收益差距较大，或者投资过多而收益甚少，那么规划组就要重新审视规划的可行性。

1.3.3 景区规划研究进展

旅游规划最早起源于 20 世纪 30 年代的英法等国，从区域规划理论衍生而来，主要是制订旅游目的地发展旅游业的基本框架，以应付未来的发展变化。经过了第二次世界大战以及第二次世界大战后旅游业的调整，旅游规划的实践操作与研究方法逐渐成为其核心要素。景区规划从 20 世纪 80 年代后，才开始逐渐盛行，到 90 年代，在欧洲逐渐形成了景区规划理论研究的规划程序与标准，此时旅游规划的方法也日趋多元化，但基本框架仍是调查—研究—规划三步骤。进入新世纪以来，这种格局遇到了新的规划方式的挑战。

Murphy(1994)认为，旅游规划是预测和调节系统内的变化，以促进有秩序的开发，从而扩大开发过程的社会、经济与环境效益，因此规划是一个连续的操作过程，以达到某一目标或平衡几个目标。Hunter 认为，旅游规划由于涉及不同利益群体，所以要注意各种利益的协调，旅游规划应该是使旅游和其他部门的目标共同实现的过程。朱卓仁(1992)指出，休假地开发的总体规划的制订必须将经济、社会和环境 3 种目标综合为一体，其中经济目标是首要的。Gunn(1979)指出，旅游规划是经过一系列选择决定适合未来行动的动态的、反馈的过程，未来的行动不仅指政策的制定，而且主要是目标的实现，并介绍了社区如何依据自己的特点与优势进行旅游规划的几种策略。Joann M. Farve(1984)从人类学的角度进行分析后认为，景区旅游规划应当以社区为中心，并以冈比亚的一个乡村规划为例，说明社区作为真正应当得到实惠和利益的弱势群体常常受到不公正的待遇。这种旅游规划策略逐渐成为旅游业发展的战略思想。亚太旅游协会(PATA)高级副总裁 Griffin 的视角则放在作为规划两翼的资源和市场上，主张"创造市场营销和旅游规划的统一"，并构造出"旅游地管理系统（DMS）"，作为未来旅游发展规划的一种有效手段。加拿大学者 R. W. Butler 提出旅游地 S 型生命周期理论，即探索、参与、发展、巩固、停滞或复苏 5 个阶段。澳大利亚学者道林（Dowling）从环境适应角度对旅游规划进行了探讨，并构筑了一个环境适应性旅游规划框架，以促进环境保护，进而使旅游的潜力得以发挥。Inskeep 认为，旅游规划应该是从供需两方面来系统分析，并提出了整体的、可持续发展的、可控的规划方法。随着以人为本和可持续发展思想的深入，从社会学、人类学等方面研究旅游规划的学者越来越多。

国外旅游规划的主要方法概括起来，大致有门槛规划法、综合规划法、系统规划法、依托社区规划法、生态旅游规划法和可持续旅游规划法等。国内旅游规划的方法主要是旅游系统规划方法、以产品为中心的旅游规划方法和社区参与方法。

刘峰（1999）提出在国内旅游景区应用旅游系统规划，即以旅游系统为规划对象，通过对旅游景区结构与市场结构关系的研究，制订出全面的、可操作的旅游发展战略及其细则，以实现旅游系统的良性运转。随着旅游文化的张扬，国内不少学者（王铮、李山，2004；郑荣，2002 等）都认为，旅游景区规划应当充分重视挖掘和提炼旅游区的历史文脉，形成文化主题、文化精神，将它应用到旅游规划的主题形象策划与项目策划中。刘滨谊（2001）以创立中国现代旅游规划学科领域为议题，提出旅游规划三元论，从实践导向、观念形成、专业组成、人才教育等方面，论证了旅游规划领域的定向、定性、定位、定型，以及旅游规划学科领域的转变与对策。在此基础上，他又提出 AVC 理论，即景区旅游规划必须以景观与旅游区域的吸引力（attraction）、生命力（vitality）和承载力（capacity）为核心侧重开展。当前国内不少学者（魏小安等）将情景规划引入到旅游规划之中，情景规划是一个商业的战略分析工具，即分析想象景区在未来可能遭受的影响和冲击，提前做出预防机制，当想象过的情景真的出现的时候，就能够从容而周密地加以应用。在旅游景区可变因素众多的情况下，这种规划的实用性得以很好地体现。裴沛（2005）认为，旅游规划研究经历了大致几个阶段：旅游产业规划实践—旅游资源、旅游地评价—旅游规划基础理论研究—旅游规划市场研究—旅游规划案例研究—生态旅游规划—旅游效应研究。肖云（2007）从完善风景名胜区规划体系、彰显风景名胜区特性出发，提出了"景区规划"的概念,并从景区规划的特点、目标及结构三方面对其规划特性进行了探讨,对实现风景名胜区的科学规划与统一管理有一定的意义。综合生态分析方法在景观规划中的应用有利于协调人与自然及资源利用的关系,是实现可持续发展的一个重要途径,也是提高景观规划水平与品位的重要手段。所以,景观规划要充分应用生态分析方法,既要强调使自然环境基础适应人类需要,也要强调资源环境、景区功能、艺术内涵与社会环境的有机结合。

1.3.4　景区规划问题思考

1. 土地政策与旅游规划

旅游规划同土地政策常常既是互相矛盾的,又是有着依赖关系的。主要表现在房地产、大型游乐场地等项目的建设上。近年来,我国土地政策已经一再做出重大调整,对项目建设用地的审批越来越严格。但另一方面,随着我国旅游者经济收入的提高和旅游消费观念的改变,乡村旅游中的休闲房地产已逐步成为旅游开发的热门,这对带动地方经济发展,公共设施建设以及交通环境的改善;对促进社会主义新农村建设都有积极的意义。但多数旅游开发者常常理不清开发与保护两者间的关系,片面追求经济利益最大化,结果使得规划区内的生态和社会环境遭到了无法挽回的开发性破坏。鉴于这种建设项目用地后土地性质难以流转,如国土相关部门目前对这种用地,特别是对基本农田、耕地的建设项目流转有很大的限制,而旅游规划又不得不受制于这种限制,建议在严格限制农用地建设项目流转的基础上,对农村集体建设用地的流转给予适当的支持,使旅游地产能够良性发展。

2. 体验经济与旅游项目策划

1)体验经济概念

简单来说,体验经济是一种通过满足人们的各种体验而产生的经济形态,是一种最新的经济发展浪潮。经济学家认为,人类的经济生活自诞生之日起,经历了4个发展阶段,分别是农业经济、工业经济、服务经济与体验经济。

农业经济是自然经济,生产者与消费者同一,崇尚经验(如眼见为实);工业经济是异化经济,生产者与消费者对立,崇尚理性(如经济人理性);服务经济是过渡经济,生产者与消费者统一,崇尚和谐(如观光旅游);体验经济是复归经济,生产者与消费者统一,崇尚自由(如高峰体验)。

2) 体验经济和旅游业

在这个时代中,旅游产业已经融入人类社会的商业、政治、教育、文化、艺术等各个方面,全面融入我们的生活,是一种因为旅游产业带来的全方位的体验。"以客户需求为导向"的业界转型,隐约浮现其中的就是"体验经济"的身影。旅游业产品作为最适合"体验经济"的生产和消费工具,从中寻觅到了无限商机。

3) 体验旅游经济对旅游景区开发的启示

体验旅游经济是个新型的旅游经济形态,也是今后旅游业发展的必然趋势。面对体验经济时代的到来,旅游景区如何进行开发去迎合这种趋势是其面临的主要课题。为此,旅游景区开发要实现开发模式的转变,真正做到以市场为导向,这一点我们要向国外学习经验。特别是对于资源非常普通的景区而言,以市场为导向进行旅游景区的开发从而实现良好的"旅游体验"显得更为重要。

3. 不科学的旅游规划

和欧美旅游业发达国家相比,我国旅游规划起步晚,虽然在发展过程中,也取得了较大的成绩,但还有许多不科学的地方。客观的原因包括理论与技术体系不完善,监管不够严密以及调研工作、旅游统计工作上的困难等。但旅游规划的不科学性也表现在以下几个主观方面。

1) 将景区旅游规划同旅游策划、风景区规划混淆

由于许多旅游规划和风景区规划工作者对旅游规划与风景区规划的区别认识不够,常常将旅游规划当作风景区规划来做,或者反之,又或者两者兼有。常常再有一些"面面俱到"的旅游规划,将旅游规划的作用进行放大(多是被动接受甲方的意见);或者形同"旅游策划"似的规划,将旅游规划的作用又缩小了。其结果不是妨碍了景区的正常发展就是过分开发,从而导致对资源和环境的破坏。

2) 从主题定位到项目开发的跟风与雷同

旅游规划的另一个较大的问题,就是开发项目盲目的跟风与雷同。这种没有经过实地调研和市场分析,不合时宜地模仿甚至抄袭的结果,只会使旅游市场混乱,旅游景区资源与社会生态环境遭到严重破坏,如主题公园热、复古建筑热、度假

村社区化以及以破坏生态为代价搞"生态旅游"等。王衍用(2005)认为,我国旅游规划目前最大的问题有两个:一是平淡肤浅,二是盲目克隆而缺乏操作性。

3) 片面追求多元化,忽视主题的突出

景区产品推销的楔形布阵,即将一两个拳头产品作为楔形的楔尖推出,其他产品梯次跟进,有利于景区产品推向市场。而目前许多旅游规划则过分重视产品多元化、多样化、个性化,将摊子铺得很广,却没有一个突出的主题,使游客感到眼花缭乱,但最后对整个景区缺乏深刻的印象。

4. 旅游规划的本质

旅游规划实质上是一种开发性规划,是一个地域综合体内旅游系统的发展目标和实现方式的整体部署过程。它的核心是基于以人为本的景区旅游系统的全局性开发,并在较长时间内指导着景区的旅游开发。这也是同一般风景区规划(主要目的是资源的保护性开发)以及旅游策划(主要目的是旅游产品的策划、开发咨询与宣传促销)的主要差异。景区旅游规划必须始终以满足游客的合理需求为主要出发点,并进行诸如资源分析、市场定位、目标形象、产品策划、配套设施建设等一系列规划步骤,为建设实施者提供操作思路与方案。此外,旅游规划不必也不可能像城市规划或者风景区规划那样,对区域或旅游景区的给排水、安全保障、近期建设以及人口社会等情况做多方面的阐述与解释。因此,旅游规划可以不断地追求创新,而不必也不能拘囿于现有的条条框框,甚至可以突破现有的《旅游规划通则》(GB/T 18971—2003)。可以说,创新是旅游规划的灵魂。这也是其与追求"稳中求新"的风景区规划所不同的地方。

第 2 章

自然保护与旅游发展

2.1　从自然保护区、风景区和旅游区的概念说起

　　自然保护区是依据国家相关法律、法规建立的以保护生物多样性环境、地质构造以及水源等自然综合体为核心的自然区域，在这块区域内人的各种活动受到不同程度的限制，以使这一区域内的保护对象保持无人为干预的自然发展状况。自然保护区不仅是一个国家的自然综合体的陈列馆和野生动植物的基因库，而且是调剂环境的主力军。自然保护区以保护包含某个核心对象的陆地及水体为主要任务，所以，自然保护区应该保护的是有代表性的生态系统、珍稀濒危动物的天然集中分布区、水源涵养区、珍贵地质构造、地质剖面和化石产地等。

　　风景名胜区是以具有科学、美学价值的自然景观为基础，融自然与文化为一体，满足人对大自然精神文化活动需求的地域空间和综合空间的综合体。风景名胜区按景物的观赏、文化、科学价值，环境质量、规模，游览条件等划分为三级，即市县级、省级和国家重点风景名胜区。

旅游区是以旅游资源为基础的。旅游资源是指能够激发旅游者旅游动机,为旅游业所利用并能产生经济效益、社会效益和生态效益的自然和人文各种因素的综合。根据资源成因及其存在形式,可分为两类:第一类是自然形成的地质地貌、山水景观、生物群落、植被环境等,称为自然景观旅游资源;第二类是人类在长期的社会发展过程中经过改造自然或者自我创造而形成的地下、地上的各类建筑物、图画、器物等物化人文资源以及非物质的文化传承,如历史上形成的历史社会文化、民俗风情、传说神话等精神及社会的内容。通过对这些旅游资源的开发,形成以旅游观光为功能的区域和地带,称为旅游区。旅游区涉及社会的各个方面,如六要素:食、住、行、游、购、娱等。

　　建立自然保护区是为了保持生物多样性、自然环境的原真性,以及人类的可持续发展,因而更注重环境效益。建立风景区,一方面是为了保护独特的自然风光和优秀的人文景观;另一方面,可以向世人展示风景区所在地区独特的自然风光和优秀的人文景观。旅游区则是以旅游活动为主要手段,其目的是通过旅游活动来增加旅游收入。后两者更注重社会效益和经济效益。

　　从范围上来说,风景区的范围最小,针对性较强,和自然保护区一样都有着明显的地理界线,同时风景区往往处于一个旅游区之中,一个旅游区可以有多个风景区,自然保护区的范围一般都比较大,通常是一大片人类活动较少的区域,而旅游区没有固定的地理界线,甚至可以包括几个城市、几个省份。这一点与自然保护区十分相近,自然保护区一般以固有的地理特征为界线,如山体、河流、湖泊等,与行政界线无关,可以跨省跨市。但自然保护区也可以被包含在旅游区范围之内。在旅游业当中就有山地旅游、沿海旅游区等多种说法。

　　从保护利用的角度来说,自然保护区是限制人类活动的,以保护为主。我国的自然保护区分为核心区、缓冲区和实验区三个部分。保护区的精华一般集中在核心区,是绝对禁止人为开发行为的。在实验区外可以开展适当的人类活动,在一定程度上可以成为风景区,但必须符合自然保护区的标准要求,如游客量、各种物质排放量等。国家关于风景区的标准主要是从旅游者的角度来制定的,如交通、餐饮等服务设施的配套标准。可以说,风景区是一个营利机构,在保证区内旅游资源不被破坏的前提之下尽可能大地利用资源获得经济收益,而自然保护区是一个公共利益区域,更加注重人类的未来发展问题。

由此可见,自然保护区、风景区、旅游区在一定程度上是相互交叉的。自然保护区不同于风景名胜区,主要是保护各类典型自然生态系统,保护珍贵濒危野生动植物,保护具有重要价值的自然遗迹和自然景观,开展科学研究和科普宣传,并为教学实习、科学考察提供天然场所。发展旅游只是保护区多项任务之一,并处于从属地位。在旅游开发的问题上,自然保护区与风景区有着本质的区别,但并不代表旅游开发与自然保护之间存在矛盾和冲突。相反,在某些自然保护区外围开展的旅游活动,一定程度上促进了对自然保护区更好的保护,实现了旅游效益和环境效益的共赢。

2.2 自然保护与旅游发展的关系

自然环境既是人类栖息之地,又是人类生活的物质之源,也是人们的游赏对象。古往今来的旅游者,都将观光赏景视作一种休养生息、调节生活、消除疲劳的乐事。在旅游发展与自然保护的问题上,人类走了很多弯路,旅游开发导致的对自然资源、环境的破坏屡见不鲜。

一直以来,旅游业被认为是无烟产业、绿色产业、朝阳产业,标志着一个国家、地区生态环境质量的高低,能给当地带来巨大的经济财富。保护与发展本来不应该是矛盾的双方,而且现代意义上的旅游业自出现以来就不是以破坏生态环境和旅游资源为前提和目的的。相反,旅游担当起让人们在体验美丽风光、感受大自然之时更加注重环境保护、更加珍爱地球家园的责任。然而,在人类社会经济不断发展的今天,旅游业在市场经济利益的驱动下,通过旅游发展来获益的同时却忽视了这个责任,导致旅游活动破坏环境、资源的根源不在于旅游业本身,而在于开展旅游活动的人。

旅游业的发展离不开旅游资源,离不开良好的旅游环境。保护与发展是共生、共荣的。只有保护好现有的生态环境,保护好现有的旅游资源,旅游业才有发展的基础,才有创造旅游经济价值的载体。同时,在旅游开发中获得的经济利益可以用于环境的进一步改善,更好地保护资源,防止天灾人祸的发生,形成良性循环,具体可分为两方面实施。

一方面,要建立完善的国家法律制度,并重视旅游开发过程中的环境保护问题,提高开发商的准入"门槛",加强对开发过程的认证和监管,规划前做好科学论证,同时强制要求旅游发展中的盈利部分必须定额用于资源、环境的保护,专款专用。真正做到旅游资源为旅游业提供原材料,旅游业也为旅游资源提供资金来源,更好地使其得到保护。

另一方面,加强对旅游者、旅游开发者有关环境保护的宣传教育,提高他们保护环境的自觉性。虽然自然旅游资源是天然赋存的,但同一些矿藏资源一样,也只是在一定程度上的永续利用。旅游资源开发利用的永续性是有条件的,只有在对旅游资源进行适度开发和切实保护的条件下才能实现。大多旅游资源一旦破坏,将不复存在,所以说对于多数旅游资源来说,它们是一种不可再生资源,这就要求旅游开发者和旅游者在对旅游资源的开发和使用过程中承担起保护的重任。

2.3　生态旅游与旅游伦理研究

2.3.1　什么是生态旅游

生态旅游一词在现今常常被提及,但在被越来越多的人接受的同时,其概念与含义也渐渐被误解甚至歪曲了。很多人认为生态旅游是万能灵药,能解决旅游业中出现的任何问题,于是各地都纷纷大打"生态旅游"的旗号,还分为原生态、次生态、泛生态等多种概念,让广大的旅游者一头雾水,搞不懂"生态旅游"到底是什么。那么,什么样的旅游才是生态旅游呢?

通常认为生态旅游(ecotourism)一词是由国际自然保护联盟(IUCN)特别顾问、墨西哥专家 Ceballos-Lascurain 在 20 世纪 80 年代初首次提出的。它的含义不仅是指所有游览自然景物的旅行,而且强调被观赏的景物不应受到破坏。它的产生和发展是由全球环境问题所引起的,突出特点是改变了国际旅游客源的构成和流向,使得原有的以涌向工商业发达城市为主的客流,变为流向大自然,追求返璞归真。旅游者在生态旅游活动中,不再仅仅是被动地观赏和娱乐,而是参与了更多保护环境的实际行动。同时,生态旅游作为一种宣传主题和产品品牌,日益深入人心。在我国,颁发的《国家生态旅游示范区管理暂行办法》中将生态旅游定义为:"以吸收自然和文化知识为取向,尽量减少对生态环境的不利影响,确保旅游资源的可持续利用,将生态环境保护与公众教育同促进地方经济社会发展有机结合的旅游活动。"

世界旅游组织秘书长弗朗加利于 2002 年在世界生态旅游峰会上提出:"生态旅游及其可持续发展肩负着 3 个方面迫在眉睫的使命,即经济方面要刺激经济活力,减少贫困;社会方面要为弱势人群创造就业岗位;环境方面要为保护自然和文化资源提供必要的财力。生态旅游所有参与者都必须为这 3 个重要目标齐心协力地工作。"

旅游研究学者 Hetzer 认为所谓的"生态旅游"应具备 4 个内涵,分别是:环境冲击最小化(minimum environmental impacts);尊重当地文化并将冲击最小化(minimum cultural impacts);给予当地最大经济利益的支持(maximum economic benefits to host country);游客满意度最大化(maximum recreation satisfaction)(Miller, 1993)。因此,真正的生态旅游想要解决的问题不仅仅是能满足游客的需求,还要能保护越来越受到旅游开发威胁的生态环境,尤其是保护生物的多样性,以及协助解决在旅游地点(通常是偏远地区)居住的社区人民的贫困问题。

在全世界范围内,生态旅游的概念和原则还处在探讨阶段,相关概念混淆不清,各种规范和认证还没有完全成型,国际性的统一标准尚未建立,生态旅游的滥用和泛化问题相当严重。在这种情况下,正如世界生态旅游学会所指出的那样,"尽管生态旅游具有带来积极的环境和社会影响的潜力,但是如果实施不当,将和大众旅游一样具有破坏性"。人类对自然生态的破坏有两种情况:一种是工业化过程对自然生态的暴力破坏,为不可逆的过程;另一种就是我们现在很多所标榜的生态旅游,实际上仍然是对自然生态的"温和式"破坏。而这一点往往是被普通大众所误解的,大家都想当然地认为生态旅游只是针对旅游者提出的一个产品概念,其实它更注重对于旅游地生态环境的保护,并为社区、部落等文化的可持续发展提出新的解决途径。这也就导致了旅游景区为了满足游客的喜好而违背原有的客观规律,大肆营造所谓的生态旅游产品,其实与真正的"生态"相去甚远,一方面欺骗了顾客,另一方面更是对旅游地的生态、文化造成了巨大的破坏。所以,确定生态旅游的概念、标准是非常必要的。

2.3.2 生态旅游的发展阶段

生态旅游的产生与以下两种现代趋势有关：第一，从旅游供给方面看，出现了将自然保护与经济开发结合在一起的趋势，尤其在发展中国家，强调了国家公园及自然保护区具有的经济价值；第二，在需求方面，出现了市场对产品质量需求的变化趋势，旅游者不再满足于被动的度假方式，而要求更为积极的旅行方式，包括到遥远的、新开辟的偏僻地区去旅行。在过去20多年的时间里，生态旅游在全球，尤其是发展中国家掀起了热潮。在全球范围内，生态旅游发展经历了以下3个阶段：

1. 20世纪70年代，生态旅游只是未加检验的概念

人们对于生态旅游的认识还仅仅局限于对自然环境的友好利用。虽然旅游与环境这个与生态旅游密切相关的问题早在20世纪70年代初就引起了旅游界的注意，但是生态旅游这一概念是经由国外传入我国并逐渐被接受的。直到1993年9月，在北京召开的"第一届东亚地区国家公园和自然保护区会议"通过了《东亚保护区行动计划概要》的文件，才标志着生态旅游概念在中国第一次以文件形式得到确认。

2. 20世纪80年代，生态旅游成为一种经营创新

敏锐的旅游经营者们看到旅游者对那些老生常谈的旅游地日感淡漠，相反，对于新的旅游目的地则兴趣盎然。于是，一些旅游经营者从当地人那里租赁或者购买土地，建立了生态旅舍（ecolodge），提供导游服务。我国的生态旅游是主要依托于自然保护区、森林公园、风景名胜区等发展起来的。1982年，我国第一个国家级森林公园——张家界国家森林公园建立，将旅游开发与生态环境保护有机结合起来。此后，森林公园建设以及森林生态旅游突飞猛进地发展，虽然这时候开发的森林旅游不是严格意义上的生态旅游，但是为生态旅游的发展提供了良好的基础。

3. 20世纪90年代以后，生态旅游是保护和发展的工具，理论创新突出

人们对生态旅游的认识越来越深入。2002年是联合国确定的"国际生态旅游年"，世界各地为此召开了各种研讨、培训活动，在正确认识生态旅游、探寻生态旅游的合理发展模式方面做出了更加深入的探索。在国内，关于生态旅游的讨论非常激

烈,大生态旅游、生态旅游规划、生态旅游标准、生态旅游伦理等相关领域的研究都日渐成熟。如郭来喜认为,生态旅游具有六大特征：①旅游活动以大自然为舞台；②旅游内涵孕育着科学文化高雅品质；③旅游活动以生态学思想作为思想依据；④旅游活动载体具有多样化特色；⑤旅游者高强度参与性的活动；⑥生态旅游是增强人类环境意识的高品质旅游。王大悟认为,生态旅游作为一种旅游产品,具有成本高、附加值高的特点,同时要求有较高的教育功能,今后将向遗产旅游的内涵演进。生态旅游具有多种功能,其中包括观光、科学考察、科学普及、度假、健身、娱乐、野营、夏令营、观赏野生动物等。

2.3.3 生态旅游的十大要素

生态旅游是在传统旅游业的发展受到挑战时应运而生的,它是旅游业可持续发展的良好形式。生态旅游不仅包括旅游活动的生态化,也包含旅游服务和经营管理的生态化。综合各家之言,发展生态旅游应包括以下10个基本要素(见图2.1)。

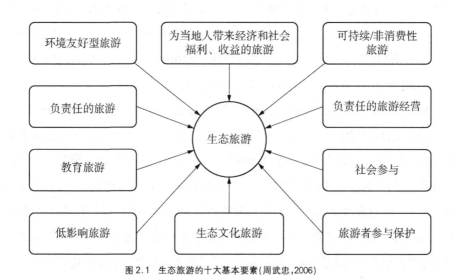

图2.1　生态旅游的十大基本要素(周武忠,2006)

1) 环境友好型旅游

即从环境角度是安全的旅游,对自然和野生生物的影响最小化,为环境保护做出贡献。

2) 负责任的旅游

旅游开发行为和旅游观赏行为必须是尊重当地的文化、社会、生态和自然环境的。

3) 教育旅游

通过生态旅游可以唤起各方的环境意识,可以向旅游经营者、旅游者、当地人传授自然和文化知识。

4) 低影响旅游

是对各方没有影响或者影响较小的旅游。

5) 为当地人带来经济和社会福利、收益的旅游

即前往自然景区的娱乐活动能为当地福利做出贡献(为当地人带来经济和社会收益的旅游)。

6) 生态文化旅游

即到那些具有文化和历史重要性的地方,了解自然区域的其他文化,集中于自然历史和当地文化。

7) 可持续/非消费性旅游

即对文化、环境资源进行有效的控制管理和可持续资源保护。

8) 负责任的旅游经营

旅游企业对环境问题比较敏感,努力以生态可持续发展的方式经营,促进对环境的正确认识,使用目的地国家的旅馆、导游等。

9) 社会参与

一方面鼓励当地人的积极参与;另一方面增加就业岗位,积极参与当地经济建设。

10) 旅游者参与保护

鼓励旅游者积极参与保护,同时促进其与自然环境的互动,为保护做出贡献。

2.3.4 生态旅游的实践

生态旅游是一种欣赏、研究、洞悉自然且不允许破坏自然的旅游。与传统的旅游相比,生态旅游强调的是旅游者与自然景观的协调、一致和有机的生态联系。近

年来,发展中国家的生态旅游开发受到了普遍重视,人们对独特的生态系统和生物多样性情有独钟,旅游资源的经济意义也受到重视,而且生态旅游方式也是这些地区最优的资源利用途径,可以将经济建设中环境的负面影响降到最低。这些成就的取得和生态旅游的实践总结是分不开的。

在全球范围内,非洲的生态旅游实践是最为成熟的。非洲是世界生态旅游的重要发源地之一,尤其是南部非洲已经成为当今国际生态旅游的热点地区,具有代表性的有肯尼亚、坦桑尼亚、南非、博茨瓦纳、加纳等国。其次是美洲生态旅游较发达的地区——亚马孙河流域。在亚洲,最早开展生态旅游活动的地区出现在印度、尼泊尔、印度尼西亚以及马来西亚等地。这些地区和国家开展的主要生态旅游活动有野生动物参观、原始部落之旅、生态观察、河流巡航、森林徒步、赏鸟、动物生态教育以及参观土著居民表演等。

通过在生态旅游上的实践,各国总结了大量的经验,主要有立法保护生态环境、制订发展计划和战略、进行旅游环保宣传、重视当地人利益、通过多种技术手段加强管理。其中通过多种技术手段进行管理,主要是通过对进入生态旅游区的游客量进行严格控制,并不断监测人类行为对自然生态的影响,利用专业技术对废弃物做最小化处理,以及对水资源节约利用等手段,以达到加强生态旅游区管理的目的[①]。这些在一定程度上都保证了生态旅游区和生态旅游业的健康、平稳发展。

当前在国内,生态旅游的实践活动正处在高峰期。通过实践,人们已经认识到生态旅游既不是地方经济发展的"万灵丹",也不可能取代大众旅游,成为旅游的惟一形态,但是对于某些具有丰富生物多样性与文化资产的地点而言,很可能是最适宜甚至必要的发展模式[②]。而且随着社会的发展,人们认识水平的提高,对生态旅游的要求也在逐步提高,经过短短几年的实践,不难发现,对于生态旅游来说,首先,在开发经营上,是一个科技含量很高的产业,要求开发过程必须在科学技术的密切参与下运作,要求旅游开发者和经营者必须要对所处地区生态系统的特点非常了解以及具有生态环境保护的专门知识。其次,在市场方面,真正意义上的生态旅游要求参与者具有较高的环保意识。同时由于生态旅游市场多在偏远、生态系

① 资料来源:国家环保网。
② 李永适.我们需要什么样的旅游[J].华夏地理,2007(4):46-49.

统脆弱的地区,决定了生态旅游消费远远高于一般的大众旅游消费。

目前,在国内,开放的生态旅游区主要有森林公园、风景名胜区、自然保护区等。生态旅游开发较早、开发较为成熟的地区主要有香格里拉、中甸、西双版纳、长白山、澜沧江流域、鼎湖山、广东肇庆、新疆喀纳斯等地区。经过十多年的发展,我国生态旅游的形式已从原生的自然景观发展到半人工生态景观,旅游对象包括原野、冰川、自然保护区、农村田园景观等,生态旅游形式包括游览、观赏、科考、探险、狩猎、垂钓、田园采摘及生态农业主体活动等,呈现出多样化的格局[①]。其中尤其突出的是,近几年来,乡村旅游作为生态旅游的一个独特旅游形式大放光彩,在中国大地掀起一股到农村去的热潮,为生态旅游的发展走出了一条广阔大道。

尽管如此,现在中国仍然存在着生态旅游实践和理论研究相矛盾的地方。如目前我国很多生态旅游实践并没有达到生态旅游的本质要求,只着重强调了生态旅游"认识自然、走进自然"的一面,忽略了生态旅游"保护自然"的目标。此外,部分旅游开发商将生态旅游和自然观光旅游概念混淆,误导旅游消费者,借生态旅游的名义大肆破坏旅游生态的行为依然存在。

2.3.5 旅游伦理思想研究

自世界自然保护联盟(IUCN)于 1983 年首次提出了"生态旅游"概念以来,生态旅游伦理研究逐渐被人们关注。现代意义上的生态伦理学一词的英文表述为"eco-ethics",是生态"ecology"和伦理"ethics"的合成,其目标是实现非人类单一物种和单一生存环境,即多物种、多环境和谐共存(not single species but co-existing different forms of life and their environments)。成立于 1998 年的国际生态伦理学联合会正是以研究和传播生态伦理学为根本目标。

生态伦理学是调节人与自然关系和行为规范的学说。生态伦理学是在罗尔斯顿的《环境伦理学》的基础之上产生的,简单地说,环境伦理是对人与自然关系的伦

---

① 马聪玲.中国生态旅游发展的现状、问题与建议[EB/OL].中国社科院财贸经济研究所.中国网,2002-11-9.

理思考,是指人类对其生存环境所持有的价值观。环境伦理学的产生始于20世纪60年代后期的第三次环境保护运动。一般意义上的旅游生态伦理,是指旅游者在开展游览活动,企业在开发旅游资源,政府部门在管理旅游事业等活动时所应遵循的正确处理人类与自然界,人种与其他物种之间关系的行为规范。但在旅游业中生态伦理的研究范围更加广泛。近几年来,越来越多的旅游研究人员提出旅游业对传统文化、对少数民族地区的特有文化的冲击越来越大,文化生态学的思想应运而生。在文化生态学基础之上的文化生态伦理也开始为人们关注。时下非常流行的生态旅游,就是建立在人与自然协调论和生态文明论等正确的人与自然、本土文化与外来文化等关系理论基础上的。

以生态伦理为基础发展起来的旅游伦理更是将生态旅游业带入了一个新的时代。可以说,旅游生态伦理是整个旅游伦理的核心,也是旅游伦理研究的重点。与自然保护区相对的就是文化保护区。世界环境与发展委员会指出,持续发展是既满足当代人的需要,又不对今后人类的生态构成危害的发展。可持续发展作为一种新的人类生存方式,不但体现在以资源利用和环境保护为主的环境生活领域,更体现在经济生活和社会生活的道德价值观当中。旅游伦理以旅游业中的道德现象为研究对象,研究旅游活动中的伦理道德与旅游经济、旅游企业、旅游个人、旅游文化、旅游资源等利益相关体之间的关系问题。其中核心内容之一就是人与自然、人与其他物种之间的伦理关系。

旅游伦理是旅游学与伦理学的交叉,以旅游活动产生的伦理现象为旅游伦理的主要研究对象,主要讨论以旅游者为中心的4种伦理关系,分别是旅游者同旅游资源、旅游者同旅游企业、旅游者同其他旅游者以及旅游者自身之间的4种关系。在此基础上突出旅游环境伦理、旅游生命伦理、旅游管理伦理、旅游社会伦理等旅游伦理的重要分支的主要概念及研究内容。世界旅游组织(WTO)秘书长弗朗加利认为,旅游伦理规范就是要为旅游目的地、政府、旅游经营商、开发商、旅行社、旅游工作者和旅游者制定一个"游戏规则"。

2.4　自然保护区的旅游开发与规划实践

在中国旅游热愈演愈烈的 21 世纪前夕,旅游景区开发也越来越热。关于旅游景区开发,魏小安、韩建民等提出,中国旅游资源开发大体经过 3 个阶段:普遍开发、重点开发、创新开发。然而,我们可以看出,在中国旅游行业对自身的了解不足以及对旅游资源开发认识尚不成熟的前提下,国内的旅游景区开发还只处于由普遍开发到重点开发的转型阶段,在这一转型过程中出现的问题越来越多。土地问题,收入分配问题,环境破坏问题,旅游资源的过度开采、居民与开发商纠纷问题,不同文化之间的冲突问题等,一直困扰着旅游管理部门和旅游业的健康发展。

我国的各类自然保护区在承担保护自然生态环境和动植物资源任务的同时也对社会负有环境教育和生态旅游的义务。但是当前在自然保护区的旅游开发中,出现了种种的问题,其中最主要的是资源与环境的问题。这种问题的出现,主要是人们受利益的驱动,只重视经济效益而忽视社会效益和环境效益所致。在许多自然保护区,游客严重超载,超出了自然保护区的生态承受力;缺乏统一规划,盲目开发,导致开发和经营管理失控;人工景观和设施泛滥,自然景观被破坏且环境污染严重。从环境的角度看来,主要存在的影响在于大气污染、水体污染和物种的消失。

印第安人有句俗语:你对自然越好,自然也会对你越好。自然保护区旅游开发最重要的特点是生态环境和自然资源的保护,这是一个自始至终且无须争议的观点。根据自然保护区旅游开发的这一特点,必须特别强调可持续旅游发展和生态旅游的原则。旅游开发应当服从于生态保护,在保护的前提下进行开发;资源应当得到妥善保护,开发才能得到效益;开发得到了效益,反过来又有利于保护;一旦旅游开发和自然保护之间出现了矛盾,保护对于开发拥有绝对的否决权和优先权。

2.4.1　分区问题

《中华人民共和国自然保护区条例》明确规定,"在不影响保护自然保护区的自然环境和自然资源的前提下,组织开展参观、旅游等活动"。这是自然保护区发展旅游的首要原则。黄浦江源自然生态旅游区(即龙王山自然生态风景区)位于浙江省安吉县城西南 50 km 处,区内有峰岩、涧瀑、碧潭、原始森林等自然景观生态环境资源,空气清新,水体纯净,环境幽雅,还有山村风情、历史遗址、神话传说等人文景观资源,共有 42 个景点和 1 条绿色长廊,特色为富、野、幽、清、险、秀、奇、旷,并组合形成了独特的"龙王九景"。在项目开始之初,我们就对区内做了一个科学、严谨的论证分析,以确定是否可以开展旅游活动。

针对龙王山自然风景资源的分布特点和要求,结合其他地形、地势和地理区位条件,将整个风景区划分为 3 个功能区,分别为核心区、缓冲区、实验区。如表 2.1 所示。

表 2.1　龙王山自然风景区功能分区及其保护

分区	范围	现状	保护管理
核心区	核心区的范围东至千亩田防火线,南至龙角峰岗,西至石坞口天然林边缘,北至桐王山岗防火线,面积 403.9 hm^2,占保护区总面积的 32.5%	自然生态系统保存较完整,动植物种类丰富、集中,并且有典型地带性森林群落和常绿、落叶阔叶林混交集中连片分布的地域及高山湿地类型	采取禁止性的保护措施,即禁止任何人进入自然保护区的核心区,因科学研究的需要,必须进入核心区从事科学研究观测、调查活动的,应当事先向自然保护区管理机构提交申请和活动计划,并经省人民政府有关自然保护区行政主管部门批准。即使是用作生态系统基本规律研究和作为对照区监测环境的场所,也只限于观察和监测,不得进行任何试验性处理
缓冲区	南面与保护区核心区相连,西北面经花坪村与黄泥凸村相连,东北面经黄泥凸村大山岙直上桐王山岗,面积 117.0 hm^2。占保护区总面积的 9.4%	该保护小区现状植被良好,也是重点保护对象——银缕梅的主要分布区域。数年前原花坪村已全村搬出山后,区内土地所有权、林权及经营权不变,但在其区域内不得从事对保护区构成冲击与威胁的生产经营活动,带内森林禁止采伐,并不得在带内挖掘开采	缓冲区除了禁止开展旅游和生产经营活动外,将采取限制性的保护措施。即严格限制人为活动内容和范围;严格限制进入缓冲区的人员和数量,确保核心区不受外界的影响和破坏,真正起到缓冲作用。经管理机构批准,只允许进行教学科研目的的、非破坏性的科学研究、教学实习和标本采集活动
实验区	除核心区和缓冲区外,保护区内的其他地域划为实验区。实验区面积 721.6 hm^2,占保护区总面积的 58.1%	实验区是保护区人为活动相对频繁的区域,区内可在国家法律、法规允许的范围内合理开展科学实验、参观考察、野生植物驯化繁殖、合理的资源利用、生态旅游观光等	以实验、持续合理利用自然资源为主要目的。在尊重自然规律,有利于保护、恢复与发展珍稀、濒危物种的前提下,积极开展科学实验、教学实习、参观考察、驯养繁殖、种植加工和生态旅游等活动,以增强自然保护区的经济实力。采取周边社区实行技术上指导、资金上帮助的办法,扶持社区发展生产经营和生态旅游,变资源消耗型经营为科学集约型经营,最终实现自然资源保护和社区建设共同发展的目标

3 个区域分别对待,管理保护等级依次递减。同时,在实验区内,根据资源条

件和旅游产品分类分为 3 个主题旅游区,分别是生态游览区、休闲度假区、生态园区,主要用于旅游活动,从而将游客与核心保护区拉开一定距离,并且在缓冲区内限制人类活动,从而保证核心区的生态不受外界影响。

2.4.2 环境容量问题

在自然保护区内的旅游活动,环境容量是一个重要的指标。开发生态旅游后,自然保护区将会有越来越多的旅游者光顾,倘若不能有效地控制游客数量,就必然会发生游客过分拥挤,破坏生物栖息地和天然植被的情况。它关系整个区域生态系统的安全。

合理环境容量是指在既满足游客的舒适、安全、卫生、方便等旅游需求,又保证旅游资源资料不减少和生态环境不退化的条件下,同时取得最佳经济效益时风景区所能容纳的游客数量,是旅游资源的合理承载力。环境容量控制是自然保护区旅游开发最重要的一个内容。在黄浦江源自然生态旅游区大环境评估中我们对环境容量进行了科学分析。

环境容量应分为旅游环境容量、旅游经济发展容量和旅游资源容量等。

旅游资源容量指在一定的时间内,旅游资源的特质和空间规模所能容纳的最大旅游活动量;旅游环境容量指在一定的时间内,自然环境所能承受的最大限度的旅游活动量;旅游经济发展容量,即旅游区的经济状况所能承受的旅游容量;此外还有感应气氛容量、旅游社会地域容量等。

在浙江安吉龙王山自然保护区的这个规划中,自然保护区内森林面积约 1 200 hm²,实验区的森林面积约为 720 hm²,用面积法测算旅游环境容量为:

$$C = (A/a) \times D \tag{2.1}$$

式中:C 为日环境容量(人次/日);

A 为可游览面积(m²);

a 为每位游客应占有的合理面积(m²);采用环境容量指标 4 000 m²/人;

D 为周转率,$D = $ 景点开放时间 / 游完景点所需时间,设 $D = 1$。

经计算,日环境容量为 1 800 人次。

然而,大部分森林是无效旅游资源,游客一般只能集中在旅游线路附近,因此应该考虑旅游资源容量,具体指游览区内具有观赏价值的景点、景物与具有娱乐价值的设施接待游客的能力。目前主要游线有 6 条,采用游路法测算,则旅游资源容量为:

$$C_t = n \times C_i = (M_i/L) \times D_i \tag{2.2}$$

式中:C_t 为景区年容量(人次/年);

C_i 为某游线日容量(人次/日);

n 为全年可游览天数;

M_i 为每条游线的长度(m);

L 为每位游客占用合理路线的长度(m/人);

D_i 为不同游憩线路的周转率,设为 1。

根据风景特点及环境质量,可确定各条游线上的容量。由于该区既属于远郊风景区,又属于自然保护区,参考我国现行的风景区设计采用的容量指标"30～60 m/人"中最大指标"60 m/人"进行计算;旅游时间按 200 天计,结果如表 2.2 所示。

表 2.2　旅游资源容量

旅游线路	长度/m	日容量/人	年容量/人
马峰庵—拇指峰	1 800	30	6 000
拇指峰—东　关	3 200	55	11 000
拇指峰—龙王峰	5 400	90	18 000
马峰庵—西　关	2 200	38	7 600
龙王峰—马峰庵	2 500	41	8 200
石坞口—马峰庵	1 800	30	6 000
合计	16 900	284	56 800

确定合理环境容量是风景区管理的关键环节,可以有效地避免对资源的掠夺性利用。合理环境容量一般应小于旅游环境容量和旅游资源容量,根据上述旅游环境容量和旅游资源容量的分析结果,结合龙王山自然保护区的保护现状,环评建议合理环境容量为 250 人次/日,合理年环境容量为 50 000 人次。节假日高峰期游

客日流量应严格控制在 500 人次以内,连续高峰日数不得超过 5 天,否则需要实行预约登记按号顺序进入景区。

2.4.3 旅游资源可持续利用问题

旅游资源的可持续利用是生态旅游业可持续发展的基础。自然保护区是自然生态系统,其发生和发展受自然规律所控制,而旅游是人为的一种活动方式,受人类的思想意识、文化修养和道德规范所影响。生态旅游的管理涉及人与森林、人与环境及森林与环境等诸多关系。因此,管理这样的复合系统必须遵循可持续发展的基本思想。发展旅游业应该以保护好自然生态环境为根本前提,突出生态旅游特点,协调人与自然的关系,其基调应该是清新、自然、纯朴、宁静。为此,必须注意保持当地自然生态景观的完整性。

丰富多样的生物资源和自然的森林生态景观是龙王山自然保护区发展生态旅游的基础。在管理上必须服从保护区管理部门的管理,保护区管理部门应严格按照《中华人民共和国自然保护区条例》以及《浙江省自然保护区条例》的有关规定,对保护区实行严格的行政管理,保护生物多样性,保护洁净的自然环境,保护原始秀美的自然景观。同时,建设单位应在保护区管理部门的指导下,充分利用报纸、网络、广播、电视、布告、标语、图画等宣传媒介,加强当地居民和游客对生物多样性保护知识的普及教育和法规学习,提高居民和游客的生物多样性保护意识,从而体现作为生态旅游基本功能之一的教育功能。

第 3 章

自然地脉与旅游景区主题定位

　　旅游景区开发的关键在于正确确定旅游开发主题,而主题的确定又取决于对当地地脉、文脉的准确把握和对客源市场的深入分析及定位。目前,不少旅游项目"只领风骚一两年",在开业之初门庭若市,热潮之后随即陷入惨淡经营的境地。究其原因,主要是旅游开发主题选择不当。对于旅游开发而言,经营管理水平再高也弥补不了"先天"的规划设计不足。在规划设计中,旅游开发的主题定位往往是成败的决定性因素,主题与地脉、文脉的相关性在其中都起着不可低估的作用。赵飞羽(2002)认为,地脉就是指一个地域(国家、城市、风景区)的自然地理背景,即自然地理脉络。陈传康(1990)、李蕾蕾等(1996)最早提出"文脉"的概念及其应用意义①。笔者将地脉前加上"自然"二字,意在强调地脉的自然原真性,尤其是指社会人文背景比较淡薄、从未或很少有过人工开发的特定地域,例如本章后面将要提到的韩府山规划案例中,韩府山在进行旅游开发以前的状态就可以很好地阐释"自然地脉"这一概念。

　　本章将针对旅游景区的主题定位及景区地脉、文脉等问题进行探讨,特别是旅游景区主题定位与地脉、文脉的相关性,着重以南京韩府山等具有代表性的案例为

---

① 吴必虎.区域旅游规划原理[M].北京:中国旅游出版社,2001.

依据来探讨分析自然地脉的旅游主题定位问题。

3.1　自然地脉开发与旅游景区主题定位研究进展

赵飞羽等(2002)探讨了旅游开发主题与当地地脉、文脉存在的 3 种关系,并在此基础上提出正确确定旅游开发主题的构思原则和步骤。谭颖华(2005)以南阳市卧龙区为例,研究了区域旅游形象的影响因素,并认为区域旅游形象不仅受到地方性和受众的影响,行政区域划分、旅游形象的层次性等也对旅游形象产生着重要的影响。牟红、姜蕊(2005)提出了旅游景区文脉、史脉和地脉的分析和文化创新的方法。周武忠(2005)在系统分析基地现状和湖州区位条件、竞争环境以及度假旅游市场的基础上,提出了把"东方好园"建设成为中国最大的女性文化主题公园的建设目标,并就主题定位等进行了系统的策划。章尚正、陈杜娟和朱小莉(2006)以安徽屯溪老街为例在实地调研和问卷调查的基础上,探讨了当地在地脉、文脉和商脉上的优势及其旅游开发。

此外,更多的研究集中在对于文化积淀较为浓厚的地域,主要针对当地的文脉与旅游发展的关系进行探讨。而对于历史文化价值、艺术观赏价值等并不十分突出,但是在区位上和其他开发条件方面具有较大优势的地域,相关的研究更为少见。

3.2　自然地脉的界定及其与旅游开发的关系

3.2.1　地脉、文脉与区位的关系

地脉是一个特定地域的自然环境、地貌特征及地质资源的综合,地脉是大自然赋予的、后天可以开发的自然资源。文脉是一个特定地域(国家、城市、村镇等)在悠远的发展进程中形成的、有别于其他地域的社会人文背景及文化积淀。一段经久不衰的地方小曲、一款土得掉渣的手工艺品,甚至一堵说不上年代的土墙,都有

可能成为有开发价值的文脉。区位的主要含义是某事物占有的场所,具有布局、分布、位置关系等方面的意义,并有被设计的内涵。区位是景区所在地的可进入性(与周边环境的关联性)及地域的比较优势的综合反映。综合起来讲,区位就是自然地理位置、经济地理位置、交通地理位置在空间地域上有机结合的具体表现。已故北京大学旅游地理学家陈传康教授在20世纪90年代中期首先提出"文脉"的概念。他认为,"文脉"是一个地区自然、人文地理环境、历史文化传统及社会心理积淀的多维时空组合,也是当地旅游资源形成和旅游业发展的主导因素。随着旅游文化研究的深入,范业正博士进一步阐释了文脉,并细分为文脉(社会人文背景)和地脉(自然地理背景)两个子系统。赵飞羽等认为,地脉一般由地质、地貌,气候,生物,水体,区位五大要素构成(见图3.1)[①]。从广义上来讲,地脉是某一地域自然地

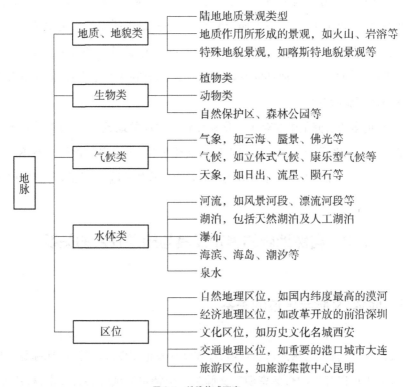

图 3.1 地脉构成要素

注:赵飞羽等,2002。

---

① 赵飞羽,范斌,方曦来,等.地脉、文脉及旅游开发主题[J].云南师范大学报,2002(6):83-84.

理背景的综合反映,既包括地理意义上的各种自然资源,也包括了经济、政治、文化、交通意义上的区位优势,除了社会人文背景以外,都可以成为某一地域地脉的构成因子。

3.2.2 自然地脉的旅游开发

自然地脉主要是指在进行旅游开发以后,介于自然保护区和历史文化景区之间的一种景区形态。此类景区在进行大规模的规划开发之前往往不具备传统的旅游资源开发的条件,即既没有得天独厚的自然条件,也没有独具特色的人文积淀,或者两者兼具但并不足以吸引旅游者。这类的地域在自然与人文方面都不占优势,但是又不是完全不具备旅游开发的条件。根据卢云亭的旅游资源"三三六"评价方法[①],自然地脉是属于"三大价值"中某几项价值都不太突出,但是通过"三大效益"和"六大条件"相对比往往具有开发优势的一类地域。所以,这就对旅游开发者与规划者提出了新的挑战,要求规划者从现有的旅游资源以外来寻找突破点,寻求"三大价值"以外的、更具有资源开发价值的卖点,也就是要把握好旅游规划与开发的主题。

3.3 自然地脉的旅游主题定位

3.3.1 地脉与旅游开发主题的关系

旅游开发中的旅游形象取决于开发者和旅游者两个方面,即受地方性和受众两个因素的影响。地方性包括地脉和文脉两个因素,受众又受到游客感知、旅游市

---

① "三大价值"指风景资源历史文化价值、艺术观赏价值和科学考察价值。"三大效益"指经济效益、社会效益和环境效益。经济效益主要包括风景资源利用后可能带来的经济收入。社会效益指对人类智力开发、知识储备、思想教育等方面的功能。环境效益指风景资源的开发,是否会对环境、资源形成破坏。"六大条件"的评估:旅游资源的开发,必须建立在一定的可行性的条件基础上。这些条件最重要的是 6 个方面,即景区的地理位置和交通条件、景物或景类的地域组合条件、景区旅游容量条件、施工难易条件、投资能力条件、旅游客源市场条件。

场基础和游客对旅游资源的感知等因素的影响。所以,旅游主题形象的确定是旅游资源的客观现状和游客主观感知共同作用的结果。在旅游开发过程中,旅游主题的构思一般包括以下几个步骤(见图 3.2):进行资源普查,把握地脉和文脉;在分析客源市场的基础上,确定旅游开发的主题;根据所确定的旅游主题筛选旅游项目加以整合、包装。下面将以南京韩府山为例,进一步阐释以自然地脉为基础的旅游开发具体步骤。[1]

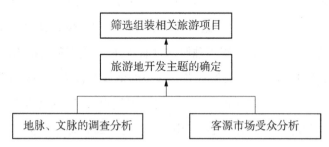

图 3.2 旅游开发主题的确定步骤

注:赵飞羽等,2002。

3.3.2 景区地脉分析

1. 区位条件

牛首祖堂风景区地处南京市南郊,毗邻南京主城区,北距市中心 13 km、距雨花台 7 km,南距禄口国际机场 22 km。风景区东邻江宁经济技术开发区,其余南、西、北三侧均为生态开敞空间,南侧为东大山,西侧为农田,北侧为秦淮新河及滨河绿带。风景区外部交通十分便利,东有将军路和机场高速公路,南有佛城路及规划中的公路二环,西有规划的东周线公路,中有宁丹公路由北向南穿越,将整个风景区划分为"一轴两片六区"。

本次规划基地韩府山景区位于整个风景区的东片区,南接将军山景区、西靠牛

---

① 作者主持的《南京市韩府山景区概念规划》是尊重自然地脉进行旅游开发的经典案例,该方案荣获 2005 年南京市规划局举办的国内外方案征集评比第一名。

首山景区。同时，基地北面即秦淮新河，西北面是铁心桥工业园定坊分园，东面则与江宁经济技术开发区相邻。

2. 景区概况

韩府山景区目前基本上处于未开发的状态，北面山体两侧有若干采石场，西面是农田和农村居民点。基地内部水域较多，主要有静明寺水库、安堂凹水库、龙泉寺水库以及若干鱼塘。景区内现有重要的历史文化资源点两处——静明寺和龙泉寺；主要单位有两家——南京电信局通讯二站和江苏省人武学校；公墓两处——静明寺纪念林和龙泉古苑塔陵。

在交通方面，铁道部规划的京沪高速铁路和沪汉蓉铁路将从西北侧以隧道的形式穿越韩府山，铁道通道有 10 条线路，包括 6 条主线、2 条走行线以及宁芜城际铁路的 2 条线路。铁路两侧预留控制绿带 50 m，同时还将有高速存车场和动车组检修库坐落于景区北部。

韩府山景区西侧为宁丹公路，道路红线 45 m，两侧控制绿带各为 20 m；东面是江宁经济技术开发区，沿整个牛首祖堂山的周边分布着若干中高档住宅区，包括运盛·美之国、马斯兰德以及翠屏清华等别墅小区。而且其内已有若干条支路延伸景区中，如开元欣街等；南面是将军山景区，目前已开发的有将军山森林公园；西面是牛首山景区，目前已建设的有大石湖度假区；西北面是铁心桥工业园定坊分园；北面是秦淮新河，未来将发展成为南京南部重要的风景旅游风光带。该河与景区主要在韩府山到铁心桥河段相邻，该段间距约 1.23 km，河面宽度约 90～130 m，根据《情怀秦淮——秦淮新河（雨花段）保护线及绿线规划》，该段河道保护线控制在沿河两岸 30 m 处，绿化控制在滨河小路的边线处。

1）旅游资源整体水平较普通，优质资源较少

目前韩府山的旅游资源以普通级为主，二级和一级旅游资源占整体旅游资源的 80%，三级旅游资源占 20%，没有四级和五级旅游资源。韩府山是韩府山景区的主要载体，海拔仅有 150 m，而牛首山的海拔 254 m，是牛首祖堂风景区中海拔最高的山体，所以从高度上来说，韩府山和其他景区的主要山体相比并没有特别的优势。景区内有大型水库 3 个，即龙泉寺水库、静明寺水库和安家凹水库。龙泉寺水库地理位置较偏僻，可进入性不好，所以可利用性较差；静明寺水库和安家凹水库

较大,交通也方便,是本规划的重点。韩府山、尖山以及其他几座山头的植被较好,植物品种丰富,海拔又不是太高,所以是旅游者爬山和山体运动的好场所。韩府山景区内还有规划的 1.33 km² 精品桃园,现已初具规模,适合旅游者在一定季节观看桃花和参与收获桃子。静明寺公墓和龙泉寺古苑塔陵是景区内的两座公墓,其新颖和环保的墓葬方式,以及独特的景观造型也可以作为旅游资源为旅游者所欣赏。

2) 自然资源较多,人文资源较少

韩府山景区和其他风景区相比人文资源较少,只有静明寺遗址、龙泉寺、岳飞抗金故垒(韩府山段)等几处。静明寺现在已经不存在了,而且原本风景区所规划的重建静明寺的计划由于种种原因也无法实现,所以这个文化资源再也无法重现。龙泉寺先前已经遭到破坏,于 20 世纪中期得到重建,已经初具规模。岳飞抗金故垒起始于韩府山,终于牛首山,而且现在保存较好的部分也是在牛首山。韩府山景区内目前尚无文保单位,而牛首山和祖堂山都有文保单位,尤其是祖堂山上的南唐二陵是国家级文物保护单位。所以,通过分析可知,和牛首祖堂风景区内的其他景区相比,韩府山景区的文化旅游资源相对较贫乏。

3) 旅游资源的观赏游览价值较高

韩府山景区的自然资源丰富,保护完好,观赏游览价值较高。目前韩府山景区尚处于未开发的状态,所以资源大都比较原始,人工气息较淡,可以用风景优美、湖光山色来形容。这些是韩府山的自然资源和其他景区的自然资源相比的优势,也将成为其进行旅游开发的资源条件优势。另外,韩府山景区的植物种类多,品种丰富,非常适合科考旅游者进行森林考察。

4) 资源的环境容量较小

虽然韩府山景区的面积为 4.31 km²,但是由于大部分都被山体和水域所占,真正能够为旅游者所用的空间很少。通过现场考察并没有发现有面积较大且能够容纳较多旅游者的陆地空间,已有的只是已经开发出来的山路,所以,韩府山景区的资源实际容量很小。另外,韩府山的生态环境较脆弱,考虑到保护生态和环境,也不允许容纳很多的旅游者。资源容量较小是韩府山景区的客观资源条件所导致的,但也将成为景区发展旅游的瓶颈和壁垒。

3.3.3　景区客源市场受众分析

韩府山景区旅游客源市场发展的有利因素有周边环境的社会资源丰富、假日休闲旅游热方兴未艾、政府相关政策的支持。

影响韩府山景区旅游客源市场发展的不利因素主要有：同质风景区旅游开发成熟度较高，旅游产品类型不可避免的相似性。规划将韩府景区客源市场定位为以下3级：

1．一级客源市场

一级客源市场（核心市场）为南京市。受地理区位，资源类型，景区开发程度与知名度影响，在相当长的一段时间内，一级客源市场将占主导地位。

2．二级客源市场

二级客源市场（发展市场）以南京都市圈内的其他6座城市为重点，同时包括苏、皖、沪、浙、鲁四省一市的其他地区，特别是其中的上海和苏南地区；在景区达到一定规模和逐渐成熟之后，二级客源将逐渐占据更大份额。

3．三级客源市场

三级客源市场（机会市场）为上述四省一市以外的国内市场和海外市场。

在2005年的经典案例中，预计到2010年，韩府山景区的游客数量将达到50万～60万人，5年后将达到80万人，远期将突破100万。

3.3.4　景区旅游开发主题的确定

通过以上的分析，我们发现韩府山景区发展旅游业既有优势和机遇，又有劣势和挑战。优势上，韩府山景区所依托的大的环境比较好，尤其是良好的区位交通优势、生态环境优势和地理位置优势。这些优势将成为韩府山景区发展旅游业的基石；机遇上，随着城市化进程的加快，政府对旅游业支持力度的加大以及生态雨花的建设，韩府山景区旅游业发展面临着前所未有的机遇；劣势上，韩府山景区的旅游开发起步晚，资源特色优势不明显，山体破坏严重，以及政府和军事性质的建设等,都是韩府山景区发展旅游业的劣势;挑战上,激烈的市场竞争,以及观光产品的逐渐落伍,将成为韩府山景区旅游业发展所面临的挑战和威胁。综上分析可知,要确保韩府山景区的健康发展,必须充分利用自身的优势,把握住机遇,把自身劣势转换成旅游发展的优势,做好充分迎接挑战的准备。具体而言,韩府山景区要充分利用自身的区位优势,生态条件和地理位置优势,开发具有自身特色的高质量的休闲观光型旅游产品。同时,要把自身的劣势转变成机遇和优势。面对挑战,韩府山景区的旅游产品开发要重点做到产品独具特色,减少和其他同质景点产品的雷同或类似性。所以规划确定了"自然·历史·人"共生的理念。就韩府山景区而言,"自然"所能够体现的只有自然山水和森林生态,而这些资源和其他以自然山水为特色的景区相比并没有优势可言;"历史"所能够体现的只有古龙泉寺和静明寺遗址,这些历史遗迹并不算是顶级的旅游资源。

通过对韩府山景区的进一步考察和分析得出:韩府山景区的区位优势和资源条件非常适合开展以康乐休闲和养生为主题的活动。所以,把韩府山景区的主题确定为"康乐休闲养生地"。旅游开发主题确定以后,下一步骤将是根据主题确定具体的旅游产品和项目,并进行筛选组合。

3.3.5 基于主题定位的旅游产品设计与项目策划

牛首祖堂风景区位于南京城南的紫金山,是南京人的"绿肺"。它是南京市规划的 13 个自然环境风貌保护区之一。随着城市化进程的加快和南京主城南移趋势的不断加强,牛首祖堂风景区在南京的未来地位将和钟山风景区相当。牛首祖堂风景区主要以观光休闲和生态度假为主。虽然韩府山景区的旅游开发起步较晚,但是开发的起点高、基础好,不会出现旅游产品开发和旅游基础设施建设不配套的情况。而且韩府山处于牛首祖堂风景的最北部,与南京主城离得最近,是风景区的龙头部分,所以待其开发之后,将在牛首祖堂风景区中处于核心地位。

南京近郊许多的旅游景区大多数都具有自己的特色,但是,这些景区中也有一些旅游产品是相同的或者是类似的,尤其是观光旅游产品上。韩府景区可以打造康乐休闲和养生度假旅游产品,这些都是其他景区所没有的。同时,牛首祖堂风景区和大多数南京近郊的风景区一样,都是南京环城游憩带的重要组成部分。随着城市旅游市场从城市内部向郊区移动趋势的加强,这些近郊旅游风景区将成为南京旅游发展的主要支柱,成为旅游经济的主要增长点。

通过对韩府山景区自然和历史的探讨,着重于对人的思考,在韩府山的自然和历史所形成的景观环境背景下打造最适合人的旅游产品。对于人而言,健康是人生活的永恒主题,与人们所追求的长寿息息相关,而健康最基本的要求就是体魄健康和身心健康。由此引出了本次主题定位的根本出发点:以人为本,以人的健康为本。

1. 产品类型

根据韩府山景区的资源条件、主题定位和旅游产品开发的要求,韩府山景区适合开发以下几大类型的旅游产品。

1) 休闲旅游产品

随着闲暇时间的不断增加,城市家庭将越来越多的可支配收入用于外出休闲,为了满足城市居民这种休闲旅游的需要,许多国家和地区出现了休闲公园和主题公园,以占领广阔的休闲市场。作为城市居民旅游方式的一种,休闲旅游综合了观光旅游和度假旅游的双重特点,成为颇具中国特色的旅游产品。韩府山景区的资源特色并不突出,开发传统的观光型旅游产品没有优势,所以产品类型的开发将由纯观光型产品提升为休闲旅游产品。韩府山景区开发休闲旅游产品主要是为了满足市民和游客观光、休闲娱乐的需要。韩府山景区的6个功能分区中,休闲娱乐区、旅游小镇和秦淮揽胜区以开发休闲产品为主。其中,每个区将以一个大的主题休闲项目为主打,比如秦淮揽胜区将主打"夜揽秦淮"这个主题,旅游小镇将主打"农家乐"这个主题。

2) 康乐和体育旅游产品

户外运动与户外游憩自旅游业发展的初期就结下了不解之缘。康乐和体育旅游在旅游产品中占有的地位越来越重要。在中国,参与运动型游憩活动的人在逐年增加,且层次也越来越高。现在除了有简单易行的项目,如步行、打球、游泳、钓鱼、登山、骑自行车、溜冰之外,还有健身房、保龄球、网球、台球等新型项目。韩府山景区内的山体不高,山势平坦,并且又有水相映,所以比较适合开展体育旅游。

而且景区内有一所学校,即省人武学校,开展体育旅游可以和人武学校共享部分体育设施,使景区和人武学校实现双赢。康乐和体育旅游产品适合在六大功能区中的山体运动区和人武学校中开发。康乐和体育旅游将是韩府山景区的一个主打产品品牌。

3) 工业旅游产品

所谓"工业旅游",就是人们对工业景观、生产流水线、工艺流程及劳动场面的参观、学习,通过了解的过程以获得知识,增长见闻。英国是工业旅游兴起较早的国家,不仅一些工业革命时代的工业企业成为人们喜欢参观的地方,一些现代工业企业也深受旅游者的青睐。韩府山景区西侧规划待建的高速铁路存车场和高速铁路检修场将是中国第一个高速铁路车场。和其他火车站相比,高速铁路存车场和动车组检修场是非常清洁和环保的,不会对周围的环境产生污染。韩府山景区将在存车场和检修场东侧建设一个以展现铁路发展历史的展览园,与存车场、检修场一起构成韩府山景区的工业旅游产品。

4) 度假疗养旅游产品

度假旅游是指利用假期在一地相对较少流动性进行修养和娱乐的旅游方式。在国际市场上,度假旅游是一种传统产品。对于西方人来说,度假旅游的习惯已经持续了100多年,而在我国度假旅游则是刚刚兴起,带有从观光旅游向度假转化的特征。牛首祖堂风景区的总体定位是生态休闲和旅游度假,那么度假将在整个风景区中占有很大的比重。但是,如果牛首祖堂风景区内的每个景区都开发度假产品,势必造成内部不必要的竞争。所以,韩府山景区如果要开发度假旅游产品,一定要和其他景区进行产品的错位开发,以免造成同质景点的竞争。韩府山景区度假产品的开发将以疗养为特色,尤其是以中西药物疗养和花卉疗养为特色,开设养生会馆。度假疗养旅游产品将在六大功能区中的怀古养生区中体现,这将是韩府山景区的一个特色产品。

5) 文化旅游产品

(1) 宗教旅游。宗教旅游与宗教信仰及宗教文化体验活动紧密相关。从信仰上看,宗教朝觐产生了大量的旅游流量,如进香、拜佛、朝圣等;从宗教文化体验角度看,即使没有宗教信仰的游客,或者信仰其他宗教的游客,对某种宗教产生的建筑文化、雕塑及石刻艺术、特殊的活动氛围,也具有强烈的观摩希望,从而获得欣赏的愉悦。从旅游的角度看,宗教旅游有如下几个特点:首先,客源稳定;其次,重游率高;再次,生命周期长。韩府山景区内有两座寺庙。其中的一座即静明寺现在已经不存在,而且重建的可能性不大;另一座就是龙泉寺,重建之后龙泉寺每年香火旺盛,规模也越来越大。龙泉寺将是韩府山景区开展宗教旅游的主要基地。

(2)祭祀旅游。作为怀古旅游的一个特殊旅游项目,祭祀旅游多在先人事迹载体的墓地或者诞生地举行。韩府山景区内有两座公墓,即静明寺公墓和龙泉古苑塔陵。两座公墓都是现今墓葬方式的代表,既环保又有景观效果,可以单独作为公墓公园向旅游者开放。让旅游者领略公园优美风景的同时了解墓葬文化,并消除人们长期以来对墓地的恐惧感。

2. 项目策划

根据以上的产品设计,规划方对景区整体进行了分区策划,主要包含六大功能区,每个功能区内分别设计一些相关的旅游项目。主要分区如下:

1)休闲娱乐区

休闲娱乐区策划的思路就是充分体现整个韩府山景区休闲的主题,可以说,这片区域不仅是整个景区地理上的中心地区,也是体现景区主题的核心区。在分析并利用该区特色资源的基础上,特策划了以两大水库为载体的3个休闲旅游项目,即水上乐园、荷塘映月和悠然茶庭,这3个项目连成一体,形成该区的特色旅游项目。为符合整个景区纵线动静渐变的策划思路,在该区最南端特辟出探幽长廊这个项目,它虽然不是该区的重点旅游项目,但起着承上启下的过渡作用。此外,根据现有资源——静明寺纪念林的存在,可将这一传统观念中的劣势资源通过不同形式和内涵的展现转变为优势项目,即策划一个采用多种绿色墓葬方式的绿色公园。

休闲娱乐区整体的客源定位是南京市的大众群体,包括老、中、青、少群体,如学生、老师、普通上班族及白领阶层等都可其中找到一片适合自己的休闲娱乐空间,而并不是局限于哪类特殊群体。值得一提的是,悠然茶庭主要还是针对雨花区和江宁区内的居住人群,特别是紧邻韩府山的江宁经济开发区内的中高档别墅群住户。在项目实施的过程中,若能引导这个群体长期来此消费,不仅能形成较大的经济效益,而且对于项目品牌的建立也是大有裨益的。

2)山体运动区。本区内的旅游项目都以运动为主,以吻合周边环境的氛围。其中的特色旅游项目是体育公园,辅之以攀岩、射击、射箭、野营、山地自行车等这些时下流行的运动项目,再充分利用景区内现有资源——江苏省人民武装学校,与其共享设施资源,开展足球类的体育运动。

整个山体活动区面向的客源市场主要是南京市民,其中的主体是中青年。体育公园主要吸引南京市内普通工薪阶层和江宁大学城内的师生群体。勇者攀岩、野营基地、模拟战场和自行车越野项目瞄准的客源市场是南京及周边发达城市的时尚青年。射击和射箭场的开辟则是为了满足社会中想提高自己休闲品位的中上层人士,尤以白领居多,当然也能同时满足大众群体的普通消费需求。

3)秦淮揽胜区

本区域将主要打造一些为市民服务的休闲和观光项目。为实现这个目的,规划将打造两个主题项目,即秦淮新河公园和秦淮观光阁。通过这两个主题项目来实现为市民休闲和观光服务的目的。

秦淮揽胜区的项目主要是满足市民休闲观光的需求,同时也面向韩府山景区的旅游者。秦淮揽胜区是旅游者进入景区内最先接触到的区域,是韩府山景区的北部门面,也可以作为韩府山景区北部的一个小型服务区。

4)工业旅游区

工业旅游区是韩府山景区内向旅游者展现火车、铁路发展史的一个旅游区域。通过工业旅游区项目的策划,让旅游者能够领略到铁路事业发展的历史、现状和未来。本区将依托3个项目共同打造1个主题。3个项目,即高速铁路存车场展示、火车车辆检修场馆的展示以及本次规划要建的铁路历史展览园。1个主题,即铁路事业的发展由起步到高速的这个历史性过程。

工业旅游区所面向的客源市场主要是外来旅游者。让来南京的游客,无论是到牛首祖堂风景区的还是到其他景区的,都能够来到工业旅游区,以了解铁路发展的历史、现状和未来。

5)旅游小镇

旅游小镇是牛首祖堂风景区内北部的主要服务区,同时兼有旅游景点的功能。

规划在把旅游小镇建成风景区综合服务区的同时，还将其打造成景区内独具特色的一个小型景区。

旅游小镇首先是牛首祖堂风景区的核心服务区，其次又是韩府山景区的一个主要景点。它作为服务区，主要是为外地游客和本地游客服务的；作为景点，将主要面向居住在周围的市民，同时也面向外来游客。

6）怀古养生区

这里地处规划区南部，有龙泉禅寺、龙泉古苑塔陵、龙泉寺水库和大量树林组成。旅游项目开发将主要以养生度假产品为主。通过养生度假产品的开发和应用，使人类达到长久以来为延长生命而孜孜以求的目标——健康。

本区根据自己的功能特点，将养生山谷受众主要定位于南京市中老年人和城市工作人员；龙泉寺及其塔陵则对年龄、区域、人口结构没有很大的限制，用于开发全方位的市场，其中龙泉寺主要面向南京及周边地区的香客。

由于景区主题定位是一个内容相对复杂的系统，所以将其作为第四部分另行讨论。

3.4 从旅游景区规划的角度看旅游主题定位

主题是旅游规划的灵魂，只有准确地把握和分析地域的地脉和文脉，挖掘特色卖点，才能找到合乎目标消费群体心理需求的主题，才能找到景区规划之所以存在的客观理由。旅游规划者如果把自己的主观臆想或兴趣爱好作为拟开发项目的主题，强加给消费者，将会成为导致一个旅游项目失败的根源。可以肯定地说，旅游规划的主题不是策划师策划出来的，也不是开发商的主观偏好，而是在消费者认同心理中，它必须来源于对当地的地脉与文脉的准确把握和对于目标市场的深入分析。

根据马勇所著的《旅游规划与开发》中的观点，旅游规划的主题是由三大要素组成的有机体系（见图3.3）。其中旅游区的发展目标是根本性的决定因素，是实质性主体；旅游区的功能定位则是由发展目标决定的内在功能；旅游区形象定位是发展目标的外在表现。所以,有学者将旅游规划主题的内涵归纳为"一体两翼",并根据这一理论,从上述三大要素来考虑旅游景区的主题定位。

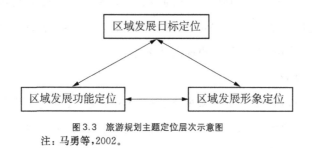

图3.3 旅游规划主题定位层次示意图
注:马勇等,2002。

3.4.1 景区发展目标定位

一般意义上的旅游区发展目标的外延主要包括经济发展目标、居民生活水平目标、社会安定目标、环境与文化遗产保护目标、基础设施发展目标等。但从时效上看,旅游区规划与开发的发展目标可以分为总体战略目标和阶段性目标两大类型。制订旅游规划开发目标的作用是监控旅游开发的实际产出与总目标之间的差距,以衡量旅游区规划和开发的成功与否,并找出原因加以反馈修正。如果就旅游业而言,旅游规划和开发的主要目标则是追求商业利润与经济增长,促进环境保护;地方政府方面的目标则偏向于增加就业、税收、外汇收入,关注人民生活水平提高及基础设施改善等。以上是从宏观上来考虑旅游区的发展目标定位,但从微观的角度,也就是对于一个范围较小的具体的景区来说,可以将上述的旅游区的目标定位进一步精细化,即可以从经济效益目标、环境保护目标、基础设施建设目标等方面进行考虑。当然,对于景区发展的社会效益也是旅游规划应该加以重视的因素。目前为旅游规划界所公认的旅游区发展目标框架如下:满足个人需求、提供新奇经历、创造具有吸引力的"旅游形象"。

韩府山景区的目标定位是:以牛首祖堂风景区总体规划为依据,同时充分考虑与市场需求的结合和与周边旅游资源环境的互补,以生态建设为原则、以历史人文景观为主题,将韩府山景区建成牛首祖堂风景区内的一个地域相对完整、自然景观独具特色、历史文化氛围浓厚、康乐休闲和养生度假项目丰富的生态旅游度假景区。初步规划是把韩府山景区打造成国家 AAAA 级旅游风景区,长远打算是把韩府山景区和周围的 3 个景区联合在一起所形成的牛首祖堂风景区打造成国家AAAAA 级旅游风景区。韩府山景区有着优越的自然环境,植被覆盖率高,空气质量好,能够满足旅游者及游憩者追求生态与健康的需求;景区内文化资源丰富,岳飞抗金故垒、勃泥国王墓、龙泉禅寺等文化内涵丰富的古迹都分布在风景区内,有给游客提供新奇经历的先天条件。另外,能否创造具有吸引力的旅游形象对于景区总体目标的实现有着极其重要的意义。

3.4.2　景区功能定位

一个旅游区的功能是多方面的,其具体功能的确定同样要综合多方面的因素。在具体的功能细分上,区域旅游的功能可划分为以下 3 个向量:经济功能、社会功能、环境功能。功能定位类似于旅游评价方法体系中的三大效益评价,即经济效益、社会效益和环境效益。

韩府山景区是牛首祖堂风景区的有机组成部分,也是构成雨花区"生态雨花"形象的重要一员。从雨花区旅游发展规划和牛首祖堂风景区总体规划对牛首祖堂风景区的定位来看,牛首祖堂风景区是以生态观光和休闲度假为主题的风景区。既然韩府山是牛首祖堂风景区的一部分,那么规划要延续风景区整体的发展思路和空间布局,要符合风景区总体规划的要求,景区性质的确定当然也不例外。雨花区旅游总体规划把雨花区的旅游性质确定为"生态型休闲、度假、教育旅游目的地"。其中,雨花台风景区为主体的核心区是以历史与革命传统教育旅游为主题,而牛首山祖堂风景区是以生态旅游度假为主题。现今在延续雨花区旅游总体规划和牛首祖堂风景区总体规划对风景区性质的确定思路的基础上,以生态为理念,以康乐休闲和养生度假为主题,同时开阔眼界展望未来,把韩府山景区的景区性质与功能确定为以下几点:

1. 就其经济功能而言

韩府山景区内目前还处于未开发的状态,所以没有游客客源和相关旅游收入的全面统计。但通过相关资料得出,韩府山目前的游客数量大约有 12 万人/年。根据旅游业的发展趋势和韩府山景区的开发特点,预计到 2010 年,韩府山景区的游客数量将达到 50 万～60 万人,5 年后将达到 80 万人,远期将突破 100 万。韩府山景区建成之后,游客数量将有大幅度的增长,经济效益的增长也是不言而喻的。

2. 就其社会功能而言

随着南京城市发展"南进"趋势的加强,韩府山景区在未来 5～10 年将发展成为南京的"城南紫金山"。到时韩府山景区将被城市所包围,其地位将和紫金山的地位相同,成为周围市民的康乐休闲之地。社会功能趋势的加强将会成为韩府山景区的主要发展方向。

3. 就其环境功能而言

韩府山景区是以生态为主题的风景区,是体现"生态雨花"的重要载体。

就整个南京市而言,良好的森林植被条件决定了韩府山景区将成为南京城市的"城市森林公园",是南京城市的另一个"绿肺"。

韩府山景区是以康乐休闲和养生度假为主题的生态旅游区。这个从旅游角度上确定的韩府山景区的性质是对韩府山景区旅游功能的总体概括,也是指导韩府山景区旅游开发的主题思想。

3.4.3 景区形象定位

旅游(目的)地形象(tourism destination image, TDI),即目的地形象(destination image, DI),有时也被简称为旅游形象(tourism image, TI),近 30 年来已成为国际旅游学术界最为流行的研究领域之一,其重要性也被普遍认可。科特勒等(1997)认为"定位是组织设计出自己的产品和形象,从而在目标顾客心中确定与众不同的有价值的地位"。旅游形象的理念核心是形象定位,就是说确定理念形象的关键在于定位。实际上,旅游地形象定位是旅游规划中创新性很强的工作,成功的形象定位将为旅游地树立一个值得追求的理念目标,为地方旅游业发展指明一个方向,具有"灯塔"效应。

在旅游规划与开发中,通过旅游区的空间外观、环境氛围、服务展示、公关活动在旅游者心目中确定一个明确的综合感知形象,借助此形象定位,一个庞大而属性综合的旅游区在旅游者的人际传播和区域市场中便有了一个明确的立足点和独特的销售优势。在区域旅游形象定位时要从以下几个方面来加以体现,即旅游区的物质景观形象、社会文化景观形象、旅游企业形象以及核心地区(地段形象)。所谓的旅游区物质景观形象,是指旅游区所具有的体现旅游形象功能的那些景观,如旅游区的背景景观、旅游区的核心景观和旅游区的城镇建设景观等。社会文化景观形象主要是指当地居民的居住、生产、生活等活动构成目的地的社会文化景观。企业形象和核心地区(地段)形象是通过当地的旅游企业和旅游核心区的形象来体现区域旅游形象定位的。

1. 韩府山景区旅游形象定位

南京市城市规划中确定了南京未来主城区和南京都市发展区的范围。在这个规划中,牛首祖堂风景区总体上被南京都市发展区包围,其东侧为东山新市区,西侧为板桥新城,北临南京主城区,可以说是未来南京的"城南紫金山"。韩府山地处牛首祖堂风景区的东北角,北临秦淮河,是整个风景区中最靠主城区和东山市的一个景区,所以其地理位置是整个风景区中最好的一个景区。南京新城市格局形成之后,韩府山景区势必被市区所包围而成为城南的一条绿色走廊。对于南京市民来说,韩府山景区将成为不折不扣的"城市森林公园"。最为重要的是,南京市到目前为止还没有一处比较正规的能够供人们进行康乐休闲和养生活动的户外场所。韩府山景区的区位优势和资源条件非常适合开展以康乐休闲和养生为主题的活动。所以,规划在协调好"自然·历史·人"的关系的基础上,努力做到以人为本,以满足现代城市居民的健康需求为本,把韩府山景区的主题形象确定为"康乐休闲养生地"。

2. 旅游形象口号

旅游形象宣传口号也可以从某些方面反映景区的目标定位和功能定位。

口号是旅游者易于接受的了解旅游形象的最有效的方式之一,好比广告词,一组优秀的广告词往往产生神奇的效果。朗朗上口的形象口号既能吸引旅游者前来旅游,又能很好地宣传旅游地的形象。韩府山景区的形象宣传口号有以下两个:

1) 主题形象口号——"康乐韩府山,养生古龙泉"

此宣传口号主要是从韩府山景区的旅游功能角度考虑的,主要宣传对象是外地的旅游者和南京市的度假旅游者。首先，从旅游功能上讲，韩府山景区将主打体育、休闲娱乐和养生"三面大旗"。体育品牌是韩府山景区的主要品牌，涉及其中的项目有山体运动区、体育公园、打靶射箭场、勇者攀岩、山地自行车等。这些运动项目将成为韩府山景区打造体育品牌的主打产品系列。其次，韩府山景区将为游客提供一个休闲娱乐的场所。其中有水上乐园、探幽长廊、音乐主题广场等系列产品。这些娱乐型产品系列将为游客提供一个休闲娱乐的天堂。再次，景区的南部，怀古养生区的特色产品是养生系列。其中的项目包括养生会馆、高档养生度假村、百草园等。另外的3个区即秦淮揽胜区、工业旅游区和旅游小镇主要是为游客提供观光和休闲的产品。从上面的分析中可以看出，韩府山景区的旅游开发是以体育、休闲娱乐、养生为主题的。所以，韩府山景区对外形象的宣传上应是"康乐韩府山，养生古龙泉"口号。"康乐"指出了韩府山景区具有体育和休闲娱乐的功能，而"养生"又点明了韩府山养生的功能。

2) 其他宣传口号——"生态休闲地，四季韩府山"

此口号主要是从韩府山景区的城市功能和生态功能上考虑的，其宣传对象也主要是南京市的市民。韩府山景区未来将成为南京的"城南紫金山"，为市民提供休闲娱乐的场所将是其未来发展的主要趋势。所以，对于整个南京市而言，韩府山景区就是南京城市的休闲基地。从生态上讲，四大主题植物的配置将使韩府山景区成为南京城市的"城市森林，四季花园"。所以，韩府山景区还可以推出"生态休闲地，四季韩府山"宣传口号。

3.5 结语

在旅游景区的开发与规划过程中，有时会遇到各类历史遗迹、文化遗址等旅游开发的敏感性区域，具体规划往往需要从多方面考虑，在开发与保护之间做出一定的选择，甚至是互相妥协。而对于自然地脉来讲，这些问题就不必过多地考虑，但是也要设计另外一些问题，比如，如何提高未来景区的文化内涵，如何充分利用区位优势最大限度地吸引游客等。韩府山景区的规划正是基于这样的背景而产生的,并且很好地协调了相对广阔的自然地脉与较贫乏的文化资源的关系,利用有限的资源做出相对有吸引力的旅游产品和项目。

本章主要在研究韩府山景区的概念规划的基础上,着重于其特殊的地脉和资源优势,得出了在文脉相对比较薄弱的地域开发旅游产品和旅游项目的一些经验,尤其是对自然地脉的主题定位系统及基于主题定位基础上的产品设计和开发进行了较为详尽的介绍,对于同类景区的开发将具有较广泛的借鉴意义。

第 4 章

文化遗产保护与景区规划

在规划实践中,文化遗产地如何保护与发展是热门话题。特别是像位于瘦西湖新区内的扬州城遗址这样的全国重点文物保护单位,在旅游开发过程中都遇到了文化遗产保护与旅游发展这一世界性难题。这类旅游景区的旅游开发必须在文化遗产的有效保护和科学规划的前提下进行,不丧失原真性的,科学、合理的旅游发展在更大层面上有利于文化遗产保护。

扬州瘦西湖新区是借助国家重点风景名胜区——蜀冈—瘦西湖风景区核心景区瘦西湖公园的品牌效应,在"科学保护、有效整合、合理开发、永续利用、可持续发展"的指导思想下,在保持生态特色、展示历史风貌、挖掘文化内涵的基础上,结合现代人的旅游需求,建设成著名旅游景区。

扬州自古以来就是著名的休闲之都。扬州瘦西湖新区的旅游开发规划是凭借"瘦西湖"这一具有国际影响的旅游品牌,充分利用新区内的文化旅游资源和护城河文化湿地、笔架山地热等特有的自然旅游资源条件,根据瘦西湖新区在扬州旅游产品布局中的主导地位和省、市旅游规划的定位要求,以生态为基础,以文化为灵魂、以市场为导向、以休闲体验为主题,把瘦西湖新区规划建设成为"国内一流、国际叫得响、融文化、休闲、生态于一体"的国家 AAAAA 级旅游景区。它的建成将迅速改变和优化扬州旅游产品结构,成为生态度假、文化休闲的天堂。

这个具有顶级旅游资源价值、高品位建设的新区,在规划之初就遇到了诸如文物保护与旅游开发、生态建设与项目安排等一系列难题。一方面,旅游业的发展可以运用产业的手段和优势,将一些濒临破败和灭绝的人文资源,如历史遗迹、古代建筑、民居村落,进行保护、修复和开发,这在一定程度上对人文资源的保护和利用起到积极的作用。另一方面,由于商业化的旅游开发,其最终目的是赢利,因此,在开发的过程中,如果没有相应的法规、制度相配套,进行约束和监管,将可能造成资源的过度开发和掠夺性开发,给人文资源带来不可挽回的损失。

本章在论述瘦西湖新区区内文化遗产保护与旅游开发几点关系的基础上,对旅游开发定位作了思考,并提出了旅游空间布局和旅游产品设计构想。

4.1 瘦西湖新区文化旅游资源现状与特点

瘦西湖新区规划用地为蜀冈—瘦西湖风景名胜区的一部分。用地界限为东自友谊路(南起点)、扬菱路(至双塘路交叉点),南自(污水泵站)沿湖小道、来鹤桥、柳湖路、大虹桥路(自大虹桥向西至念四路交叉点),西自念四路(与大虹桥路交叉点)、扬子江北路(与平山堂路交叉点)、平山堂路(至大明寺西围墙交叉点)、平山北路(至平山乡政府北侧 10 m 外,与西华门延伸路段交叉点)、平山村苗圃场(自平山茶场门市部向北)乡间土路尽头再向北自然延伸至铁路交会处,北自该铁路向东延伸段(雷塘垃圾转运场东南南侧)、双塘路。规划范围总面积 9.22 km²。

区内人文景观荟萃、历史遗存丰厚。现有 2 个国家 AAAA 级旅游景区,1 个全国重点文保单位,14 个省、市级文保单位。用地内有着丰富的历史遗迹和文化遗存,主要有湖上园林——瘦西湖景区,寺观园林——大明寺、西园、观音山、铁佛寺等,文人胜迹——平山堂、谷林堂、欧阳祠等,陵墓祠庙——鉴真纪念堂、汉墓博物馆、石涛墓园等,历史古迹——唐罗城垣遗址、唐子城遗址、宋保佑城遗址、宋夹城遗址、古桥遗址等。

特别是用地内涉及的扬州城遗址(隋—唐—宋)为全国重点文物保护单位。根据考古发掘,扬州城始建于公元前 486 年,吴王夫差为了北上争霸中原,在蜀冈上修筑了"邗城"(即扬州之始),后城址虽经变迁,但演变过程较明确。唐子城利用的是原有的隋江都宫城的地势和位置,是唐代扬州官衙府署所在地,后经宋代改筑为宋宝祐城。这些文化遗产具有文物保护级别高、文保单位占地广、景观可视程度低、地下遗产尚未明、人为侵占破坏多等特点,为旅游发展设置了重重障碍。

4.2　文化遗产保护与旅游开发的关系

4.2.1　旅游规划可以控制、保护资源

当前,我国正处于市场化进程,遗产资源的保护与开发也毫不例外。遗产资源的市场化运作是中国市场化进程中的一种现象,是无法避免的问题。历史遗留的文化遗产资源是全世界人民的宝贵财富,需要得到精心呵护,并得以延续。但与此同时,遗产资源也不是静止的,一直在影响着我们的城市和生活,因此用孤立、隔绝的方式保护这些历史资源,不能完全解决问题,割裂历史资源与现代生活的关系也不符合现代社会多样化需求。

如何在遗产保护与旅游开发之间寻找平衡点,是全世界都在关注的问题。而有效的旅游规划就是寻找这个平衡点的具体措施之一。有效而科学的旅游规划能使遗产地资源得到有效保护和利用,既能造福于当代,又能较真实和完整地传承给后人,满足遗产保护与社会发展的双重需求,实现遗产保护和旅游发展的共生。只要政府是进行规划、开发管理的主体,就有可能有效地控制、保护好文化遗产资源。

4.2.2　旅游开发本身就要以文化遗产保护为前提

大众旅游是现代社会的产物,对文化原真的利用开发保证了旅游活动的丰富内涵。旅游规划最重要的基础就是文化。具有特色的文化内涵与历史信息是旅游活动赖以生存的基础和保持旺盛生命力的源泉。瘦西湖新区的旅游开发要设计出

个性化的旅游产品,必须以区内资源的文化原真为基础,因此,旅游开发本身就要以文化遗产保护为前提。在这一点上,旅游开发与文物保护的目标是一致的。1964 年的《威尼斯宪章》奠定了原真性对国际现代遗产保护的意义,提出:"将文化遗产真实地、完整地传下去是我们的责任。"而《威尼斯宪章》本身正是对保护遗产原真性的最好诠释。在本规划用地内,唐子城、宋宝祐城墙、宋夹城遗址及其护城河水系,均应严格予以保护。

在瘦西湖新区的旅游开发规划中,尤其注重对整体环境、文化和生态的保护,统筹规划和保护扬州的历史文化资源。新区中尽可能保证基础设施完备,而又不破坏原有的历史风貌;不仅尽可能少增加建筑,还对新区内的现有建筑大做精减。在具有良好自然生态的区域,将采用生态材料进行基础设施的建设,使建筑模式与周边环境融合相配,使旅游设施融入自然之中。

4.2.3　旅游规划有利于遗产教育,普及保护意识

中国联合国教科文组织全国委员会秘书长杜越提出,遗产地最主要的特征应该是开放。"祖先留给我们的遗产,我们有权利也有义务参观、学习和传承,因此旅游是必要的。它已成为游客提高文化品位,增长知识阅历的重要一环。"

文化遗产持续发展的根本是教育,唯有教育,方能培养出珍惜和保护文化遗产的合格公民,才有可能从根本上解决我国的文化遗产问题。文化遗产具有科学、历史、艺术等多方面的综合价值,能满足人们多方面的精神文化需求,其本身即是真实生动的教育素材,如各类博物馆、文物、建筑群、遗址、风景名胜等是内涵丰富、特色独具的文化遗产教育素材。通过参观旅游,人们以观赏、体验、休闲、娱乐等方式享用这些价值。

旅游规划的重要成果就是设计出游客欢迎的旅游环境和旅游活动。因此,在规划理念、形象设计、宣传口号、解说规划等诸多方面都可以为遗产教育提供帮助。提高和深化公众对世界文化遗产的认知,引导人们对世界文化遗产的主动保护意识。比如瘦西湖新区的规划中,生态是一个非常重要的理念,市民游客在知晓这一理念后,又在游览中观察到各处都是以保护生态、培育生态为重,很自然地感知到

生态带来的自然、美感和舒适度,同时与之前游览过的景区做比较,发现注重生态确实具有积极的影响,从而形成良好的口碑,为其家人和朋友带去最生动的有关生态保护的教育信息。

旅游规划的过程本身是对当地政府、有关机构、从业人员文化遗产意识的一种加强,他们将把这种意识带到工作中去,对旅游者进行文化遗产教育,引导、规范、影响游客行为,创造一种健康的文化遗产旅游方式。

4.3 文物古迹的利用策略与景观展示

4.3.1 文物古迹的利用与旅游开发策略

1. 处理好文物古迹保护与利用的关系,保护与利用应突出地方文化特色

利用就是积极地保护,利用和保护相结合,尽可能地按照原功能使用,重点保护各级文物保护单位及其周边环境氛围。对具有考古价值的文物古迹,不应触动其空间结构和改变周围环境;对侧重宗教文化价值的,宜保持宗教环境氛围的纯粹性;根据性质区别对待,对具建筑特色及经济价值的,可以在兼顾其他方面的同时致力于开发利用。

2. 保护与利用应和恢复文物建筑及历史地段的生命力相结合

文物建筑的保护、修缮和使用应同风景区建设相结合,通过规划建设,复苏历史建筑及其群体的文化生活,使它们在社区和周围地区的文化发展中起促进作用。在严格控制下合理利用文物建筑,可参照上海新天地的做法,保留外表,改变内部结构和使用功能,增加现代生活设施,实现旧建筑形态与新生活方式的互动。

3. 加强古城遗址区的保护与开发建设的管理力度

古城遗址区的绿化建设主要以植被根系较浅的灌木、地被、花卉、茶园与农业园地景观为主。风景建筑与游览服务设施,规划采用唐宋风格的木、竹质结构等基础处理较浅的结构。在古城区内的交通性道路不采用水泥、沥青路面,而尽可能采用砂石路面或木栈道形式。古城区内的开发建设实行"两证一书"制度,加强对古

城遗址范围内建筑规划、设计、施工的审批，防止对地下古城遗址的破坏。

4.3.2 遗址景观展示系列

扬州自春秋战国时开始筑城，历经汉、六朝、隋、唐、宋、明清至今，已有2 400多年，建城历史连绵，城址位置未变，历代城池相互叠压，遗迹、遗物之丰富，为城址考古中所罕见。扬州城遗址面积大、范围广，有着许多不同时代的具有代表性的重要的地面、地下文物遗存，保存情况大都较为完好。遗址景观是重要的历史、文化信息载体，具有较高的历史、文化、科学价值和保护价值。扬州的连续性遗址景观特色鲜明，对游客具有极大的吸引力。

现有的遗址、遗迹中，保存完好的有唐子城遗址（包括城墙、城门、城河、角楼、十字街等）、唐罗城的南门遗址、水涵洞遗址、宋夹城遗址，古建筑等重要遗迹、文物，具有很高的保护、展示价值。规划将众多的遗址、遗迹进行"点、线、片、面"相结合，实行多层次完整保护，形成遗址景观展示系列，完整地揭示了扬州丰富的历史文化内涵，体现出扬州瘦西湖新区旅游的高定位、高品位、高质量。遗址景观展示系列内涵丰富，既是时间维度上的历代遗迹景观，也是空间维度上的城门、城墙、城河、水涵洞、古桥、街道等遗址；既有集中展示的遗址博物馆（如已建成的唐城遗址博物馆等），也有分布于扬州各处的遗址景观。

遗址、遗迹特别是城墙遗迹，大多地面不可见，遭破坏较严重，周围环境较差。规划将结合文物考古挖掘工作，逐步建立各种遗址博物馆，将城墙、城门、城河、角楼等遗迹作为遗址景观展示，优化古城遗址周边环境，最终形成一个独具特色的遗址景观展示系列。其中，蜀冈上下的护城河遗址、地形地貌、水系沟通等保存完好，但也有很多遗址境况令人堪忧，水系淤塞严重，景观不佳。应当在更好地保护古城遗址、护城河遗址的前提下，一方面大力进行水系治理、地形地貌保护；另一方面适当植树种草，创造绿化景观，既可防止城墙及其他重要遗址水土流失，也可改造遗址周边环境，形成良好的遗址整体景观。

遗址景观展示系列可充分挖掘扬州历史文化内涵，有利于提高扬州的国际地位和知名度，将成为瘦西湖新区旅游的亮点和精华，成为扬州人引以为荣的景观，成为令游客流连的旅游佳品。

具体做法建议以绿化将城垣遗址结合,恢复唐子城南门遗址、西华门遗址和宋夹城北门遗址、南门遗址的整体景观。

4.3.3　古桥景观展示系列

唐代诗人杜牧任扬州节度使掌书记时曾写道:"二十四桥明月夜,玉人何处教吹箫?"南宋词人姜夔路过扬州感慨寄情:"二十四桥仍在,波心荡,冷月无声。念桥边红药,年年知为谁生!"一代风流皇帝乾隆南巡,也曾即兴赋诗:"明朝又放征帆下,去向扬州廿四桥。"

唐宋以后,二十四桥与扬州紧密相连,甚至成为扬州的意象指代,她美丽的名字,在千年历史长河中形成了一种独特的文化存在。多少人前来扬州寻梦,寻找印象中的二十四桥,但是时代变迁,原先的二十四桥如今芳踪难觅。

扬州城市在隋唐时,既受到京城规划建设的影响,又有南方城市地方性的特色。城内交通水陆并行,是南方城市建设的特色。扬州以大运河为中心,围筑城池,纵横交错的街道横切在河道上,自然有众多桥梁交通,二十四桥正是唐扬州最为靓丽的景观。北宋沈括的《梦溪笔谈·补笔谈》中也记述有著名的二十四桥。

根据考古发掘,二十四桥桥址均在,如顾家桥、通泗桥、小市桥、开明桥、大明桥等。2002 年 3 月,又发现了下马桥、洗马桥等遗址。这为我们特别规划古桥景观系列提供了现实基础。

经过文物部门的考古鉴定,二十四桥的桥址位置均已确定,分布于原唐罗城范围内,现基本为扬州城区所覆盖。本次规划在文物考查的基础上,将有选择性地恢复二十四桥景观。如果古桥原址现在已不需要桥梁交通,则在此立统一制作的二十四桥原址石碑;如果原址现在仍需要桥梁交通或可以建造桥梁,则因地制宜,建造仿古风格的桥梁,并立统一制作的二十四桥原址石碑,恢复古桥的景观效果。

二十四桥遗址遍布整个扬州城区范围,瘦西湖新区应与其他相关部门合作,整体运作,恢复令无数人向往的二十四桥。桥梁的建造应使用原生态的材料,不破坏原有的植被、地形、水系等,力求与周围环境融为一体,形成风格统一、特色鲜明的古桥景观系列。

古桥景观系列的形成,将从一个极富个性的侧面展示扬州悠久的历史文化,体现扬州经久不衰的魅力,作为一个整体将成为扬州旅游的特色之一。

4.4　瘦西湖新区规划构想

4.4.1　目标

本规划以生态为基础,以文化为灵魂,以市场为导向,以休闲体验为主题,把瘦西湖新区规划建设成为"国内一流、国际叫得响、融文化、休闲、生态于一体"的国家AAAAA级旅游景区。

根据客源预测推算,整个瘦西湖新区到 2006 年的游客人次数可达 400 万,到2010 年的游客人次数可达 670 万,到 2015 年的游客人次数可达 950 万。

4.4.2　定位: 全球最大的城市公园

在大多数人心目中,瘦西湖是蜀冈—瘦西湖风景名胜区乃至整个扬州旅游资源中最具知名度的亮点,在历代文人墨客的颂扬下,她是唯美的、充满魅力的神奇地方。作为蜀冈—瘦西湖风景名胜区的组成部分和新生力量,新景区与瘦西湖风景名胜区核心景区的关系犹如一棵古老大树的"新枝"与"老干"。瘦西湖风景名胜区是这棵古老大树的树干,是悠久历史的见证,它所表现的是古人的智慧和创造力。新景区则是在古老文化的肥沃土壤上长出的新枝,既有传统文化的丰厚底蕴,又有新时代的文化提升;既有古典园林的优美环境,又有现代文化的动态参与和多样的文化体验。新景区应是在古人基础上新建设的、充满生机和活力的新型旅游景区。

现今如何才能把瘦西湖新区规划建设成为"国内一流、国际叫得响"的旅游景区?

《扬州市城市总体规划（2002—2020）》指出，蜀冈—瘦西湖风景名胜区是具有重要历史遗迹和扬州园林特色的国家级重点风景区，包括瘦西湖、蜀冈、平山堂、唐城、笔架山、铁佛寺、汉墓等重要景点共同组成的"城市中央公园"，是提供市中心区清新空气、改善和调节市中心区生态环境的"生态绿肺"。

城市公园是专门用于公共消遣和娱乐的。其延伸目标是使人们从他们的日常生活中解脱出来。曾经担任巴黎迪士乐园景观顾问组组长、英国园林协会主席的艾伦·泰特（Alan Tate）说过，优秀规划、完美设计和良好管理的公园，是适于居住和宜人的城市的无价之宝。又说，那些只有有限的商业潜力的地方，才会被发展成公园。

据考证，瘦西湖风景名胜区原本就是个"城市"，这在中国所有的风景名胜区中是一则孤例。瘦西湖是古代各个朝代挖河护城后形成的护城河，沿"湖"游览，可历经唐、宋、元、明、清各个朝代，而新景区内包含了唐子城、宋祐城、宋夹城等具有典型意义的历史文化遗址。因此，扬州古老的城市文化最适合在新景区内展现。精致的园林造景、迷人的湿地景观、内涵深刻的文化遗存、休闲的生活方式，应当成为瘦西湖新区总体上最突出的特点。

笔者至北美考察时，导游曾告诉我们说，温哥华的斯坦利公园是世界上最大的城市公园，但从面积上看，阿姆斯特丹的博思公园面积更大，扬州瘦西湖新区的规划面积虽然只有 9.22 km²，但如果把蜀冈西峰 40 hm² 的生态公园加进去，则有 9.62 km²，远远超出博思公园，而可以雄居第一，成为世界最大的城市公园！

扬州瘦西湖新区，这座全球最大的城市公园，进一步提升了扬州城的人居品质，是全世界人民的瑰宝！

4.4.3　布局："129 旅游布局"

在具体的空间划分上，本规划依据因地制宜的原则，将瘦西湖新区的待开发区划分成九大功能分区，耦合蜀冈上、下阴阳平衡和动静结合的规划原理，力求以最严密的形式、最活泼的语言、最人性化的设计来营造最完美的文化旅游区。

阴阳平衡，即蜀冈上以古城、大树、运动为特色，以隋唐遗址为载体的阳刚文化展示区显示了扬州城市历史文化的深厚凝重。蜀冈下以秀水、名花、温泉为特色，以湖上园林为载体的女性文化展示区与瘦西湖的秀美风格相和谐。

在项目布局上，依据市场需求和旅游特点，瘦西湖新区旅游项目的空间布局为一带、两环、九大分区。"一带"指宋夹城生态湿地景观带；"两环"指水上、陆上两条精品旅游大环线；"九大分区"指艺术体验区、傍花村生态岛、游憩商务区、大唐遗风区、世界动物之窗、月亮神卡通玩具城、康体休闲区以及已建成的瘦西湖公园和汉宫秋韵等景区。

1. 艺术体验区

该区域面积为 1.01 km²，以五亭花园的世界名花和利用"扬州出美女"的口碑策划展示女性文化主题的扬州好园为特色。利用原西游幻宫策划的盛世古扬州虚拟展示馆、水竹居主题茶楼、扬州八怪画家村、森林绿洲艺术沙龙等景点、景群着力打造的以艺术、休闲、体验为主要功能的新型旅游产品，为扬州及瘦西湖旅游注入新鲜的血液与活力，形成新的旅游"亮点"和"卖点"。

2. 傍花村生态岛

该区域包括宋夹城和保障湖整个范围，面积为 0.702 6 km²。由温泉水疗中心、花文化园、超级生态美食公园、几山楼（山亭野眺）、红叶山庄、邗上农桑、杏花村舍、水上乐园等景点、景群构成。这是一处能够体验 21 世纪生活方式的都市里的村庄，它采用了天然能源和资源循环系统。

作为一个旅游区，所谓"生态"不应当仅停留在概念上，而应将其实实在在地传递给每一位消费者。宋夹城四面临水，在整个新区内生态保护最好，本规划区内禁止汽车驶入，而保留宋城的吊桥交通，其面积不大不小，正好成为地道生态旅游的实验区。

在傍花村生态岛，你看不到电杆，能够体验如何采用天然能源进行供电；没有污染的资源循环系统能实现真正的"零排放"。徜徉在繁茂的花丛中，沐浴在健康的温泉里，用餐在超级生态美食公园。在 21 世纪现代都市的近旁，还能体验到如此惬意的生活，简直是人间天堂！

3. 游憩商务区（RBD）

该区域总面积为 1.033 km²，主要解决旅游的食、住，用于开展旅游购物与娱乐休闲活动,同时服务于城市居民。本区主要由香味体验馆、绿杨度假村、旅游购物街、游客服务中心、歌堂舞阁形体训练馆、绿杨花市、庖丁美食(美食疗法)等项目构成。由于城市开发和招商引资的不确定性,区内大量的用地主要作为项目备用地。

4. 大唐遗风区

位于唐子城内,面积为 2.295 km²。主要有盛唐古街(扬州老字号)、品翠茶庄、堡城花园、花卉盆景吧(趣味活动园)、唐城遗址博物馆、西华门(瓮城)、隋宫遗址、唐节度使衙门遗址、商胡驿楼、成象苑、崔致远纪念馆、铁佛寺、古城垣景点、古代六艺休闲体育场等项目。由于遗址保护的需要,区内大量的用地主要作为园艺绿化用地。

5. 世界动物之窗

其面积为 0.364 km²,以动物标本展示和地域特色景观构成。分为雨林风情区、沙漠风情区、动物王国影视村、冒险乐园、野营基地、童话世界等 6 个主题景区。

6. 月亮神卡通玩具城

其面积为 0.522 km²,由月亮神卡通世界、玩具王国、儿童游乐中心组成。

7. 康体休闲区

其面积为 2.59 km²,以城市森林和现代旅游项目为特色。康体休闲区目前主要由运动疗法养生中心、乡村俱乐部、汽车营地和纪念林(婚礼纪念林)等构成,区内大量的用地主要作为项目备用地。

此外,还有已经建成的瘦西湖公园和汉宫秋韵等景区。

4.4.4 产品:58 个个性化旅游项目

在各个分区中,根据各自不同的旅游主题功能,总共设置了 58 个具有一定规模、主题鲜明的旅游特色项目系列。这些在瘦西湖新区着力开发的具有体验性、动态性、文化性的休闲旅游项目(见图 4.1),将新景区建成融扬州园林文化、历史遗存、艺术体验、生态观光、运动休闲、美食、沐浴、民俗、购物等于一体的,富有扬州地方风情和文化特色,多功能集聚的综合性旅游景区。这些项目的引入,将大大丰富风景区旅游项目,使新景区与瘦西湖核心景区的旅游功能与内容互为补充、互为支撑,并且各具特色、交相辉映,实现了环境、社会与经济效益的统一。同时根据各景点的级别与特点,结合丰富的游赏项目和各种交通方式,策划了陆上、水上两条特色游览线。

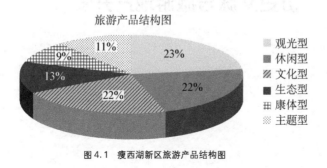

旅游产品结构图

▦	观光型
▩	休闲型
▨	文化型
■	生态型
⊞	康体型
⊡	主题型

图4.1　瘦西湖新区旅游产品结构图

4.5　结语

2007年4月18日,作为瘦西湖新区第一个建设成功的项目——万花园终于开园迎客了。从2002年开始规划到现在,整整花了5年时间,这足以说明文化遗产地特别是国宝级的遗产地旅游规划与开发的艰难。

文化遗产是人类文明的见证和民族精神的财富,是不可再生的珍贵资源,文化遗产保护是人类共同的崇高事业。通过旅游,可以加强公众对文化遗产重要地位及价值的社会认知度,延续遗产文脉,传承人类文明。不丧失原真性的,科学、合理的旅游发展在更大层面上有利于文化遗产保护。文化遗产旅游必须在科学规划的前提下进行,要在政府主导下,建立一套针对文化遗产资源和旅游发展的新的管理体系,运用科学的规划、有效的法律手段、合理的政策、科学的指导,促进文化遗产旅游的可持续发展。要正确处理保护、利用与发展的关系,多角度挖掘遗产地的旅游价值。要大力加强宣传与教育,通过加强对旅游者、旅游经营管理服务人员和遗产地居民的教育,增强各界对文化遗产保护的意识,形成文化遗产保护的合力。文化遗产旅游在我国乃至世界的旅游业发展体系中扮演着重要角色。呼吁汇集政府、学术界、新闻界、文化遗产旅游相关职能部门的力量,共同促进文化遗产旅游,服务于人类文明的传承,让文化遗产地发挥更大的价值。

第 5 章

历史文脉与旅游地产开发

5.1 历史文脉与旅游地产开发研究进展

5.1.1 研究背景

　　一定的地理位置、自然环境和人文信息等共同构成了一个地区的要素。除此之外,在长期的发展过程中形成的独有的格局、丰富的历史人文信息,以及特有的历史文脉,是一个地区的灵魂所在。但是,我国大多数的目的地旅游开发都陷入了误区,对形成目的地的历史格局、历史人文和文脉信息的继承和保护缺乏重视,有少数目的地虽有保护意愿,但因为没有相关的理论和例子作指导,历史环境和风貌正逐渐丧失。在发展旅游地产中,城市历史文脉的保护和继承也得到了社会各界的关注。特别对于历史积淀深厚的地区,开发商对文脉的延续承担着重大责任。如果不和开发地的历史文脉相融合,将会给开发地造成难以弥补的损失。

　　同时,由于旅游地产的高端产品特性,决定了旅游房地产项目的建设一定要走

"精品化"道路，着力强调项目的个性、品质和创新。因此，旅游地产的开发一定要与当地的历史文脉相融合，避免盲目地开发建设造成的资源浪费和对文脉的破坏，从而使旅游地产项目得到全新的定位、延续和提炼。

5.1.2　历史文脉研究

1. 文脉在旅游开发中的运用

文脉在旅游学界的运用主要集中于实际的旅游开发中，具体而言，主要是运用在旅游区的形象策划中，研究者们也相应地对文脉进行了符合旅游实践需要的阐释。换而言之，文脉被引入旅游学界之后，其概念和内涵都发生了一定的变化。早在20世纪90年代中期，国内旅游规划界引入了文脉这一概念。陈传康、李蕾蕾等(1996)最早提出"文脉"的概念及其应用意义，认为文脉是指旅游点所在地域的地理背景，包括地质、地貌、气候、土壤、水文等自然环境特征，也包括当地的历史、社会、经济、文化等人文地理特征，因而是一种综合性的、地域性的自然地理基础、历史文化传统和社会心理积淀的四维时空组合。进而把文脉作为旅游形象内容的源泉。

很显然，文脉分析是这套旅游形象策划方法的第一步，也是整个形象策划的基础。陈南江(1998)认为，文脉是一个地域(国家、城市、风景区)的地理背景，包括自然地理条件、文化氛围和文化传承，以及社会人文背景。准确地把握和分析一个地域的文脉的旅游吸引力，从而确定开发主题，再对主题进行深化，挑选适当的项目加以组装，是旅游开发的一条重要思路。吴必虎(2000)认为，任何旅游目的地都具有其自身独特的地方性，或称地格(placeality)。在一些区域旅游规划文本中，出现了对文脉的分析，它在很大程度上反映的也是地方性研究。地方性研究是区域旅游形象设计的基础工作之一。其主要任务就是通过对规划区域的文脉的把握，对地方历史文化的"阅读"和提炼。精炼地总结该地的基本风格，也即地格的提炼，包括文化特质和自然特性，为未来的旅游开发和规划提供本土特征基础。地格往往能够反映一个区域或一个城市的总体吸引物特征。地格确定包括对自然地理特征、历史文化特征和现代民族、民俗文化的研究。此外，赵荣、郑国(2002)，赵飞羽、范斌、方曦来、赵福祥(2002),汤光舜(2003)等都对文脉进行了探讨,但总体而言缺乏独特见解。

研究开发中的目的地旅游形象,通常要涉及文脉问题这个课题,但现有研究成果对文脉问题几乎都未做深入研究。在具体研究过程中,研究者们要么依然借用陈传康、李蕾蕾、吴必虎等人的观点,要么"想当然"地一带而过,并未对其内涵与外延做深入探讨。虽然绝大部分研究者都认为对城市文脉进行分析是旅游开发中塑造城市旅游形象的基础性环节之一,但是,研究中对文脉的阐释却比较模糊,或者说是将其作为一个"众所周知"的概念来使用。把研究重点放到目的地旅游形象本身固然理所当然,但如果不对文脉这个与目的地旅游形象有密切相关的课题进行必要的探究,整个目的地旅游形象研究则显得不够完整,而且基础理论也无法进一步得到拓展。因此,旅游开发研究中的文脉问题理应受到重视,同时这也是撰写本章的出发点之一。

2. 历史文脉的特征

1) 地域性

文脉的地域性来自文脉所反映区域的人文地理特征的差异性。不同地区由于自然地理环境的不同和接受的文化不同,历史、社会和经济文化也不尽相同,这使得各区域具有不同的人文地理特征、不同的文脉。

2) 历史性

在当今中国大大小小的城市,只有少数新兴城市是在一片荒地或废墟上建立的,如深圳。这类城市由于建立时间短,尚未形成有深度的历史和文化特征,但其发展过程同时也是创造自己历史和文化特征的过程。除此之外的绝大部分城市,都有较长的历史,并呈现出较为明显的历史文化脉络。因此,文脉是具有历史延续性的,城市文脉往往被称为城市历史文脉。

3) 提炼性

文脉作为对区域人文地理特征的表述,是对区域地方性的提炼,反映了各地历史文化的精髓。一座城市的文脉往往显得"支脉繁多""千头万绪",其旅游文化也因此呈现出多元性、多样化的特点。但只要从多种角度仔细进行分析,一般都会分出文脉的主次和强弱,或者说总能找出具有代表性的文脉来。比如南京,六朝文化和民国文化便构成其公认的代表性文脉。因此文脉不是对人文地理要素的全面反映，只是一种概括性的表述，反映在旅游开发中是一种提炼性的表达。

4）连贯性

一个地区的文脉在时间和空间上具有连贯性。时间上一脉相承，空间的分布也有系统性，这对文脉的识别有重要意义，沿着时间线索和空间脉络，有助于对一个地区的文脉完整地把握。

5）共通性

文脉在时间和空间上的交错，使得不同地区的文脉拥有共通之处成为可能，比如重点文化区域和人物地理。很多地区具有相似的文化旅游资源，如六朝文化、三国文化等，一些历史人物的足迹遍及天下，在基于文脉的旅游开发中可能引发雷同或者冲突。

3. 旅游地产开发研究

我国学术界对旅游房地产的研究开始于 20 世纪 90 年代后期，目前我国学术界对旅游房地产的研究较为集中在旅游房地产的定义、开发模式、影响因素、发展中的问题及对策的理论分析和研究上。对于旅游房地产的开发研究主要有：陈卫东在 1996 年发表论文《区域旅游房地产开发研究》，探讨旅游房地产开发的方式和影响旅游房地产开发的主要因素，对旅游房地产的开发模式进行了初步总结。李长坡（2003）从旅游发展和国民经济发展的角度对旅游房地产的开发条件和潜力进行了分析，指出我国旅游房地产开发中存在的问题及解决的对策。杨广虎（2003）指出开发旅游房地产必备几大要素。余艳琴、赵峰（2003）对我国旅游房地产发展的可行性和制约因素进行了分析，并提出若干对策。丁名申、钱平雷（2004）在其《旅游房地产学》一书中，以系统论作为旅游房地产学的理论基础，指出旅游房地产开发是一个系统的工程。祝晔（2005）提出旅游房地产的绿色开发和评价模型，是对旅游房地产开发模式研究的新尝试。杨扬（2005）分析了大城市边缘小城镇发展旅游房地产的条件，并提出了开发措施。由于旅游房地产在我国的发展尚不成熟，存在很多问题，所以对于旅游房地产的发展研究较多，研究有深化和细化的趋势，但是国内对旅游房地产在特定区域、特定环境背景下的研究较少，尚未见将历史文脉与旅游地产开发结合起来进行的研究。

5.2 历史文脉与旅游地产开发的关系分析

旅游规划设计成功与否不仅取决于其地域独特性(即其地脉或文脉)的市场辐射力是否限于本地,能否成为地区级、国家级还是世界级的景区,还取决于其开发主题与地脉、文脉的关联程度。在实际的旅游规划与设计当中,旅游开发主题与当地的地脉和文脉存在着三种关系:第一种是旅游开发主题反映了当地最强的地脉和文脉;第二种是旅游开发主题在一定程度上反映了当地的地脉和文脉,但偏离核心要素;第三种是旅游开发主题完全脱离了当地的地脉和文脉,天马行空,最终难逃失败的厄运。

5.2.1 文脉的基础作用

文脉分析是旅游地产开发主题的基础。具有持久吸引力的旅游地产都具有独特鲜明的主题,在消费者心中有一个能反映其资源特色和服务水平的整体形象。旅游地产项目必须有文化依托,从而营造独特的主题和形象。对开发地进行文脉分析,就显得分外重要。

文脉分析影响着市场定位和市场营销。董恒宇在《文脉价值与城市竞争力》一文中指出,文脉能够形成低成本竞争优势(因为文脉本身就是一项重要的文化资源要素,可以利用天然赋存进行文化产品开发,成本较低)和产品差异型竞争优势(由文脉所具有的独特性与差异性决定的)。旅游地产作为一种特别的旅游项目,在开发过程中要向市场提供旅游产品。旅游产品的开发应尽量反映区域文脉,对文脉进行分析,一方面文脉能恰当地表述在一个地区的旅游地产开发及项目的形成和发展过程中,如何形成满足一个地区的旅游产业发展的产品;另一方面有助于避免同已经开发成功的旅游产品的文脉发生冲突和重复。在旅游地产的市场营销中,就可以根据开发项目的文脉特征进行相应的市场定位,形成竞争优势。

上海新天地,一个具有上海历史文化风貌的都市旅游景点,以上海近代建筑的标志石库门为基础,将其改造成具有国际水平的集餐饮、购物、演艺等功能于一身的时尚、休闲文化娱乐中心。反映上海历史的石库门文化就成了新天地开发的文脉基础。

旅游结合商业地产发展的还有"南京1912"。1912是民国元年,"南京1912"这个名字从600多个征集方案中脱颖而出,一下子打动了所有人的心。因为,民国曾是南京历史上最繁华、最鼎盛的时期,是南京城既美丽又辛酸的一段绮梦。当时的南京城聚集着最显赫的政界要人和学术大家,是中西文化交汇之地。受西风东渐之影响,民国时期的建筑、社会风尚都带着中西合璧的味道。这样一种历史经验和怀旧情怀,自然成为时尚消费的最佳背景,也成了旅游地产开发的文脉基础。

5.2.2　旅游地产对文脉的体现和传承作用

旅游地产的形象是文脉的体现。从本质上讲,旅游形象本身就是地方独特性的一种体现,而且文脉实际上也是地方独特性的反映,所以旅游形象一般也是文脉的具体体现。或者可以这么说,一个地区的文脉往往是以旅游形象的形式被游客认识和感知,而具有独特性和生命力的旅游形象,必须能体现区域文脉。城市旅游形象要想体现城市的独特个性,唯有充分挖掘和分析城市的文脉,因为唯有地方差异才是绝对和无限的。在实践中,一些旅游地产项目常被提炼成一句宣传口号,而其中那些被公众广泛认可的口号,大部分都是对文脉的精确概括,例如华侨城提出"有华侨城的地方就有狂欢节",将狂欢节作为华侨城的一张"文化名片",反映了华侨城的文脉组成,腾冲翡翠镇旅游地产项目在浓厚的文化底蕴基础上提出"复兴翡翠文化"。这些口号在竞争越来越激烈的今天,具有一定的市场导向性,而且由于具有较强的亲和力取得了良好的宣传效果和市场效益。但是,无论口号怎样随着客源市场的变化而发生变化,其仍然是建立在对开发地固有文脉的认知基础之上的。例如,南昌瀚德房地产开发有限公司开发的绿湾星城项目,喊出"100%乡村生活、100%风情小镇"的口号,是建立在"江南韵、中国情、世界风"的理念上的。

科学的旅游地产开发有利于区域文脉的传承。张鸿雁(2002)认为,每一座城市的个性化的自然空间、人文景观和历史遗存,都具有文化资本意义。毋庸置疑,在城市旅游开发中,城市文脉自身是有价值的,但它却不能直接进入市场进行销售,而常常是通过塑造旅游形象的方式才能实现其价值,即旅游形象在充分发挥其作用的同时,文脉的价值也得到了很好地利用和释放。第一,提高旅游经济效益。在文脉基础上塑造的良好旅游形象有利于扩大旅游开发地的知名度,增强吸引力,拓展客源市场,从而有利于旅游环境的建设和旅游业的可持续发展,有利于整合旅游产品,有利于吸引外来投资、管理人才及先进管理经验,因而从总体上提高了当地的旅游经济效益。第二,提高社会效益。良好的旅游形象一般能营造出浓厚的文化氛围,促进城市精神文明建设,提高居民整体素质。在塑造旅游形象的过程中,通过对区域历史文化、自然风景及现代风貌的展现,通过形象宣传,也能激发当地人的归属感和主动参与性。由此可见,文脉所具有的经济和社会价值能够通过旅游地产开发的方式得以实现。

5.3　基于历史文脉的旅游地产开发对策

5.3.1　开发思路

1. 丰富文脉在旅游地产中的表现

旅游研究者在旅游研究中提出的地方文脉概念肯定了历史文脉在旅游开发中的重要地位和作用。旅游地之间的竞争也受到了历史文脉的影响。历史文脉的民族性和地域性特点决定了旅游竞争力的强弱。所以在旅游地产开发中,文脉的提炼在市场拓展方面尤其重要。能突出地方文脉整合的旅游地产项目可以引导旅游者建立对旅游地的形象感知,进而触发其旅游动机。

将上海新天地和"南京1912"进行比较。虽然两者都是在文化遗址地上进行的开发,有共通之处,但文脉在旅游地产中的体现和整体规划所体现出的文化风格是不能等同的,这一点很重要。

"南京1912"作为总统府的一个配套设施,被设计成有文化品位和历史底蕴的休闲消费场所,提升了总统府周边的环境,也张扬了民国文化。设计风格与总统府遗址建筑群总体风貌保持一致。总统府是南京民国建筑风貌的集中体现地,依托于总统府的"南京1912",体现的也是民国建筑的精神。17幢建筑中有5幢是原有的民国建筑,最高的只有三层楼,大多数建筑是两层楼甚至是平房。为了维持风貌,也便于市民休闲观光,占地超过30 000 m² 的一期工程的建筑面积仅为23 000 m²。在建筑外观上,大多数新建筑中,毫无修饰与浮华的青砖既是墙体,又是外部装饰,烟灰色的墙面上勾勒了白色的砖缝,除此之外再无任何修饰。

有越来越多的人把新天地比作"上海的客厅",言其华丽、时尚。因为新天地由石库门改造而来,虽然保留了原先石库门的门面样子,可是它"整旧如新",民居样式变成了歌舞升平的场所,摩登人士对它趋之若鹜,体现了一个城市客厅的功能。客厅虽然漂亮,却也是专门做给"客人"看的,已经失去了上海的真正味道。有人说,新天地的流行是由于外国人看它是中国的(石库门)东西,而中国人看它却又是洋派的(各色外国餐馆、酒吧等)享受。就保留石库门的人文环境,传承都市的文脉而言,新天地已经失去其本真。要看真正的原生态的石库门,还得另觅"芳踪"。在上海,还有北京东路、新闸路一带,遗留着原汁原味的石库门。

2. 创建旅游地产品牌

品牌已经不再是产品的一种符号,对于旅游区来说是一个系统的概念,以旅游地为载体的品牌建设已经成为世界的一种潮流。旅游地产的品牌建设更是不可忽略的。保护和继承原有的历史文脉,并挖掘其内涵,用新的人文观念去设计,促进旅游地产项目的良性发展,树立品牌,才能形成特色,才能具有吸引力。

上海新天地虽然过于"规划",失去了原生态石库门的有味道、有活力的民间风情,尤其是那些每家都统一制作的雕琢招牌,其实已经极端的商业化,但不可否认,新天地的确是一个建设具传统和新纪元生活文化的都市旅游景点的成功模式,它以中西融合、新旧结合为基调,将上海传统的石库门里弄与充满现代感的新建筑融为一体,石库门风情成为它的布景和道具。新天地已经成了一个吸引国内外游客的品牌,成为上海的一块地标。

"南京1912"依托于大气、典雅、华贵和富于历史文化内涵的有形资源,以及一致但又错落有致的以总统府为中心的民国时期府衙式建筑群体风格,在南京乃至全国独一无二,成为一个响亮品牌。

3. 调动利益主体的积极性

政府、企业、组织、社区、媒体都是区域文化载体,也是重要的利益主体。强化对开发商在旅游地产开发中的引导和管理,可促进对文脉的保护和继承。通过创新媒体宣传模式,增强其系统性和灵活性,有规划、有步骤地展开宣传,让公众对项目开发进行监督并提出意见,可发挥其对历史文化的弘扬与创新作用。

在调动利益主体积极性的工作中,最不可忽视的就是公众的参与。地产开发的最大特点就是人的参与性,因为开发本身是为了满足人的休闲生活的需要。开发地的居民长期生活在这里,对于开发地的情况最有发言权,对于传统文化的继承和保护也将起到积极的作用。"南京1912"在起名时征集了600多个方案,这本身就是一个很好的带动公众参与的形式,增加了社会对它的认同,同时也起到了很好的宣传效果。

5.3.2 开发原则

1. 保护的前提性

历史文脉的形成是一个长期的历史过程,是一个地区的灵魂所在。所以在旅游地产开发中一定不能割裂历史文脉本身的连续性。要以对历史文脉的保护为前提,在此前提下进行继承和开发。否则项目的开发就失去了对当地文化促进和带动的意义,也将造成难以弥补的遗憾。

对能反映开发地区肌理、历史遗存、历史信息的东西予以保存和保护,同时要挖掘开发地区丰富的文化内涵,提高文化品位,使历史文脉得以延续和发展,与现代化社区相得益彰。历史文脉并不是凝固的,不只有保存和保护,也有发展,要把保护和发展同时纳入视野。

2. 独特性

建立在历史文脉基础上的旅游地产必须有鲜明的形象,富有独特的文化内涵,通过鲜明的个性形成自己的竞争优势。旅游地产如今掀起了一股开发热潮,要在激烈的竞争中脱颖而出,就一定要有对手所没有的东西,深入挖掘区域的文脉,才能找到自己的个性,才能走出盲目开发的误区。同时这种独特性还要符合游客的审美标准,能带给游客愉快的体验。

如上海新天地的前身是上海近代建筑的标志之一——破旧的上海石库门居住区,改造之后,成为由石库门建筑与现代建筑组成的时尚休闲步行街。位于杭州西子湖畔的西湖天地的开发经营模式同样是建立在保留历史老民居建筑外形的基础上。与上海新天地相比,位处"休闲之都"杭州的西湖天地,将现代的时尚元素引入特有的山水园林历史景观中,其经营模式更让人感受到多元化的创新性。

3. 可理解和可体验性

历史文脉在旅游地产项目中的体现要能得到游客的认可,能被游客所理解,否则就失去了意义。文脉提升了旅游地产项目的质量,成为旅游地产的组成要素。在旅游地产项目中的设计不能过于艺术化,要在文脉继承的基础上,能被游客所感知,给游客一种美好而全新的体验,增强当地人的喜爱感。

4. 区域文脉开发的系统性

历史文脉不是孤立存在的,而是依托一定的自然、社会环境,处于一定规模的区域范围之内。这些自然、社会、文化等因素结合在一起,共同形成了特定的历史文脉。如果脱离了原来的环境,历史文脉就不完整。所以结合历史文脉进行的旅游地产开发,要对相关的因素进行综合的考虑。

结合历史文脉的地产开发建设绝不是指开发建设几个工程,而是要在旅游地产开发的全过程贯穿文脉整合的理念,并且保持文脉的一致性。如果文脉不一致,将造成旅游地产主题的混乱。保持文脉的系统性才能形成旅游地产项目统一的文化形象,不会让游客有混乱的感觉。

5.3.3　开发方法

1. 开发地的整体发展状况分析

旅游地产开发的一个重要出发点是保持与开发地区的区域与旅游发展的协调和相互促进。因此,旅游地产开发也必须是在区域发展的整体框架下进行,以充分发挥旅游与发展间的相互带动作用。开发地的整体发展状况分析主要包括以下几点:首先是开发地发展的阶段与水平。此项分析提供旅游发展和旅游品牌形象设计的社会经济背景。其次是区域优势与优势产业分析。该分析主要提供了旅游地产品牌形象设计可利用的外部优势形象元素。最后是开发地的旅游功能和发展战略分析，主要是确定旅游市场定位与旅游地产的开发战略。

2. 开发地历史文脉调查

旅游地产的旅游形象塑造工作能否获得成功，在一定程度上取决于对该开发地文脉的分析是否到位和准确。因此，文脉分析不但是旅游地产主题和形象定位中一项非常重要的基础工作，而且其分析结果也是旅游开发的重要基础和依据。

对历史文脉的阅读和提炼首先要查阅文献，然后实地勘察，感知区域所包含的文化内涵，通过与文献和资料的结合，进行归纳、总结。区域文脉从内容上涵盖了区域的自然旅游资源和人文旅游资源，在旅游地产的开发中对文脉进行分析，实际上就是要概括出区域自然旅游资源和人文旅游资源的特征或差异性。旅游资源的特征或差异性往往直接构成了旅游形象的可识别性及吸引力。对文脉的分析，有助于总结开发地的地域特色，对塑造独具特色的城市旅游形象有着重要意义。

文脉分析的主要任务是地方性文化研究，通过对旅游地的历史与自然的"阅读"和"提炼"，准确、深刻地总结该地的文化风格。具体而言，包括 3 个要素的研究：自然地理特征，如当地的自然环境特征、自然景观条件等；历史文化特征，如在地方历史的变革与更迭中，对地方或国家的发展产生影响的历史遗迹、历史人物、历史事件和历史文化背景；现代民族民俗文化特征，如当地富有地方特色的现代民族文化和民俗文化。

3. 开发地市场分析

要深入进行客源市场的调查，准确把握市场脉搏，为进一步提炼文脉以确定旅游开发主题提供技术前提。市场调查和市场定位是提炼旅游地地格，确定旅游开发主题的科学基础和技术前提，慎重确立旅游开发主题的目的是为了向旅游市场提供适销对路的旅游产品，让旅游者更了解、更接受地方的特色和旅游产品，进而促使更多的潜在旅游者变为现实的旅游者。在旅游开发中，旅游市场调查与分析是一项必不可少的工作，不仅如此，此项工作深入与否直接影响旅游开发主题是否恰当，进而影响旅游开发工作能否成功。

旅游产品最终是要推向市场的，产品只有被市场接受才能获得生存，所以市场需要是旅游地产开发的最主要的原则。可以说,没有市场的产品是无人问津的产品,而背离市场的开发则是对文脉变相的破坏。在开发新的产品过程中,详细的市场调查和严谨的市场分析是最重要的工作,其产品生产必须要以此为指导,跟着市场走。由于社会的文化风俗习惯,特别是审美观念的发展变化带来的人们的多层次、多类型的文化需求,产品开发中的文脉突破必须根据自身文化特色、资源条件以及区位优势和经济背景,针对某一层次、类型或多个层次类型的市场需求进行产品创新和结构升级。

4. 旅游地产开发主题定位

塑造旅游形象首先要对形象进行定位,而定位的科学性或可靠性,通常依赖于在文脉分析和市场分析的基础上进行区域形象现状分析。即充分搜集能够反映开发地旅游形象的区域内外公众的意见,进而对现有旅游形象进行系统、科学的分析评估,以找出现有旅游形象的缺陷和不足,发现现有旅游形象与期望旅游形象之间的差距,从而确定塑造形象的立足点和切入点。

1) 旅游地产开发主文脉的定位

开发地区的主文脉反映了本土文化特色的核心内容,它可以是开发地所固有的,但大多数地区的主文脉并不是十分外显的,所以需要根据文脉的基础分析进行提炼。当地的历史传统、社会习俗以及本土意识形态是文脉赖以存在的基础,因此对主文脉的定位必须深入分析当地的历史渊源、民俗风情与宗教信仰,将最具地方特色和历史延续性的东西总结成最能代表当地文化特征的文字内容,并将其作为本质内涵确定下来,成为地方主文脉。

2) 旅游地产开发文化主题的提炼

牢牢把握当地主文脉是文脉基础上的旅游开发中文化主题定位的关键所在,往往决定着主题定位的成败。旅游地产开发的重点是文化创意,文化创意的关键则在于对文化主题的提炼。通过对开发地的本土文化核心内容进行高度概括和表述来确定文化主题,文化主题既可以是旅游资源所固有的,也可以是人为提炼、设计的,它是旅游地产开发中项目建设的灵魂。在既定文化主题的统领下,组织合理有序的项目内容,将资源的文化内涵通过物化和活化外显出来。在项目设置上要与旅游地产形象呼应,旅游地产的形象以当地的地文、人文内涵和特色为基础,通过项目设置更加凸现出来,而且项目设计必须紧扣当地的文脉,适当强化和突出,不能偏离、淹没其主流特色。

3）旅游地产品牌的塑造

品牌的塑造是旅游地产开发的必然选择,旅游品牌是旅游产品参与市场竞争的重要载体,是其竞争优劣的主要源泉和富有优势的战略财富。品牌的塑造必须以区域文化内涵为依据,紧紧围绕当地文脉,根据市场的需求形势适时调整产品策略,整合优势,亮出自己的特色。综上所述,文脉是旅游开发形成品牌优势的关键所在,不仅提供了众多的实体文化景观,还积淀了底蕴极其深厚的无形文化遗产。所以,旅游地产开发必须紧紧抓住当地文脉,合理确定开发的文化主题,塑造富有当地特色的文化旅游品牌,以确立区域良好的文化旅游形象,提高旅游地产的市场竞争力。

5.4 非文脉旅游地产项目开发对策

旅游地产项目主题应尽量反映当地文脉,许多城市可建的大型旅游地产项目是比较有限的,也产生了一些并非建立在文脉基础上的项目。在历史文脉不够典型时,要以客源市场为主要依据,做出突破文脉的选择,进而确定适于目标市场需求的旅游地产开发主题,以保持其生命力。目标市场空间范围不同,主题确立原则也不同,如果以本地居民为主要客源,那么只需在本地具有新奇性、对本地居民有吸引力即可,不必考虑本地文脉,也不必考虑与外地项目主题是否雷同,但是投资规模必须考虑当地人口规模和消费水平。如果是以流动人口为主要客源,则须在流动人口主要来源区域范围内具备独特性,并且流动人口由于时间限制和经济限制,在中尺度旅游①时总是优先考虑城市的标志性景点,其次选择城市独有的景点,若该项目不能很好地体现文脉,不能成为该地旅游形象的标志,则市场吸引力不强,将很难成为真正有影响的成功的旅游建设项目。所以要认真分析市场需要,以筛选组装出既丰富多彩又适销对路的产品来。

---

① 中尺度旅游线路主要指在旅游规划区中,联系整个规划区内旅游景点的线路组合。

陈南江(1998)认为，一个项目的主题若不符合地区文脉，那它只能是一个地区性项目，仅仅面向本地市场，对外地游客很难有吸引力（少数十分独特、难以模仿的项目例外），例如健身娱乐主题的旅游度假村。此类项目在可行性研究和评估时应当重点分析该城市同类项目竞争状况，注意本项目的市场阶层定位，并力求设计与经营的特色化。若能引导地区休闲新时尚，则项目成功概率大为提高。

迪士尼乐园就是此类项目的一个巨大成功。迪士尼诞生于 20 世纪 50 年代至 60 年代这个特殊时期，由于朝鲜战争、越南战争、核威胁和东西冷战的阴影，美国各阶层的人们对现实生活感到疲惫、紧张和恐惧。而迪士尼构思的梦幻世界唤起了美国人生活的乐趣和热情，博得全社会的喜爱。此后，迪士尼又作为现代美国文化的"形象大使"，向全世界传播，成为一个形象生动、内容丰富的活力载体，获取了全世界的认同和赞誉，一直风靡至今。迪士尼的定位很宽泛，全世界所有年龄段的人都到迪士尼游乐。按照市场营销的一般原理，任何企业及其产品都有相应的细分市场，迪士尼成功打造了一个市场最广阔的大众休闲娱乐产品。并非只是吸引本地居民或者美国人来游乐，且不仅仅辐射到附近周边地区。在迪士尼可以看到操着不同语言、身着不同民族服装、显出不同肤色的、来自世界各国的游客，同时，游客从婴孩到老人，覆盖了所有年龄层次，迪士尼的客源如潮涌，全方位的客源使迪士尼完全规避了经营风险。

文化是旅游业的灵魂，在旅游的整个过程中，无时不渗透着文化因素，物质在旅游中作为保障因素和必要的条件，不是旅游追求的真正目的，而只是达到旅游目的的手段和途径。区域历史文脉是区域文化内涵的集中体现，是区域文化的核心和区域旅游发展的灵魂，在旅游地产开发中通过文脉整合可以抓住旅游地产发展的根本，对旅游地产项目有准确的把握。同时，由于历史文脉是目的地文化传统的延续，保护和体现历史文脉是旅游业和房地产业发展的前提，是一个基本功能，也是规划者与开发者不可推卸的社会责任。因此，要充分认识旅游地产开发中历史文脉整合的必要性和重要性，运用科学的方法整合目的地文脉，以促进目的地旅游地产的科学开发和旅游业的持续发展。

第 6 章

非物质文化遗产的旅游产品化

6.1 从"申遗热"说起

江苏古镇周庄、同里,浙江余杭,广西漓江……只要稍稍留意,就会发现全国各地都在紧锣密鼓地开展申报世界遗产的工作。20 世纪末,当鲜为人知的平遥、丽江古镇因被列入世界文化遗产名录而声名鹊起时,业界人士才知晓,打上世界遗产的标签,可以有如此巨大的旅游品牌效应和社会效益。

这是一组常常被专家提及的数据:2000 年,山西平遥的国内游客人数、门票收入、旅游综合收入,分别是 1996 年申报世界文化遗产前的 6.3 倍、7.5 倍和 6.2 倍。在这样鲜明的对比面前,没有多少人能够保持平静,世界遗产的头衔更多地让景区的主管部门看到了无限商机和光彩夺目的"政绩皇冠"。

长期以来,对于传统的漠视,不分青红皂白地否定传统,使我们吃了不少苦头。今天的这种全民的反思和觉醒是用沉痛的代价换来的。痛定思痛,人们开始以前所未有的热情和理性重新审视和辨析我们传统的民族文化遗产。

中华五千年文明不仅给我们留存了有形的浩如烟海的文化古迹、自然遗产,而且还创造了无形的、璀璨夺目的非物质文化遗产。非物质文化遗产是不同民族、不同国家间进行文化交流、促进相互了解的宝贵资源。在历史与现代、发展与继承的交叉路口,非物质文化遗产是个充满魅力而又让人感到沉重的话题。

我们正处于文化断裂的历史时代,我们的文化断裂已经达到相当严重的程度。古老的历史文化传统不断被否定、被消解,而新的文化传统、新的文化精神还没有建立起来。在这样一个历史时代,从清末就开始讨论的东西方文化关系、古今文化冲突等问题,如今又被重新提到我们面前,其尖锐程度绝不亚于当年。

在这样的背景下,非物质文化遗产及其引发的种种问题,绝对是可以上升到战略的高度来对待的。

当今世界,文化已成为人类社会发展的重要资源,谁的文化成为主流文化,谁就会成为国际权力斗争的大赢家。2 000多年来,中华文化一直是世界主流文化之一。但是近代以来,由于国力的衰弱,中华文化的影响力和辐射范围逐步缩小。在西方国家为主导的经济全球化浪潮的冲击下,中华民族的传统文化再次遭受巨大的冲击。如何继续保护中华文化的独特性,如何维护作为主流文化的地位是一个十分重要的问题。从历史上看,大多数国家都在现代化过程中采取各种措施,努力保护和延续自己的传统文化。如日本,日本保留的传统文化之多令人惊奇,其原因是日本自明治维新时期即开始立法保护文化遗产。欧洲主要国家虽然也同属西方文化类型,但各国均努力保留自己的文化特色,以相互区分。如法国与英国,文化差异较大,特色明显。在21世纪,文化在国际政治中具有十分重要的意义。因此,保护非物质文化遗产,既是各民族文化传承和发展的基础,同时也是维护中华文化独特性和复兴中华文化的重要一环,具有重要的战略意义。

6.2　非物质文化遗产概念解析

如何对待非物质文化遗产,是保护还是开发,如何开发,是迫在眉睫、亟待解决的重大问题。面对这一严峻挑战,首先需要理解非物质文化遗产的定义。

6.2.1　非物质文化遗产概念的源起

自 2001 年 5 月中国的昆曲被联合国教科文组织评选为第一批"人类口述与非物质遗产杰出代表作"(masterpieces of the oral and intangible heritage of humanity)后,"口头与非物质文化遗产"(oral and intangible culture heritage)、"无形文化遗产"(intangible culture heritage)、"非物质文化遗产"(intangible culture heritage)等文化遗产领域的新名词开始在中国不断被引用,并同"世界自然遗产"(world nature heritage)、"世界文化遗产"(world culture heritage)一样渐渐为人们所熟悉。其实,这些名词的出现可谓是人们对文化遗产思考、认识的直接结果,反映出世界范围内文化遗产概念的拓展及其相关观念发展的最新动向。

通过联合国教科文组织为文化遗产所制定的一系列国际性条约,可以看到人们对文化遗产概念认识逐步深入与完善的轨迹。从 1954 年 5 月的《关于在武装冲突情况下保护文化财产的公约》到 1980 年的《关于保护与保存活动图像的建议》等条约中,作为保护对象的文化遗产都集中在文物、建筑群、考古遗址、标本、景观、录像等包括记录载体在内的历史遗存。尤其是 1972 年 11 月 16 日,联合国教科文组织在巴黎召开第 17 届会议,会议通过了《保护世界文化和自然遗产公约》(简称《世界遗产公约》)。该公约把对人类有整体特殊意义的文物古迹、风景名胜及文化和自然景观列入了世界遗产名录。尽管在对文化遗产进行遴选的标准条款中,有几条完全能够涵盖非物质文化遗产的特点,如"为一种文化传统或一种目前尚存活或业已消失的文明提供一个独一无二的或至少是非凡的证明"(北京大学世界遗产研究中心,《世界遗产相关文件选编》)、"与事件或现有传统,与思想或信仰,或与具有突出的普遍意义的艺术作品和文学作品,有直接或有形的联系"等,但该公约对"文化遗产"的内容阐释显然只针对物质文化遗产,并集中于建筑、古迹和遗址。同样,世界遗产委员会此后几十年间的活动范畴也都始终未将非物质文化遗产纳入。可见,虽然隐约涉及了非物质文化遗产,但该公约的制定与执行却都局限在物质文化遗产的范畴。这种以物质存在为特征的保护对象的界定,反映了当时国际社会所代表的文化遗产观念。由于当时所有的保护工作都只是针对实物类文化遗产展开,因而相关保护理念的形成也主要基于对物质文化遗产本质与特性的认识。

20 世纪八九十年代后,联合国教科文组织对于文化遗产的观念有了较大的改变。随着社会发展的不断加速,不仅大量有形的传统生活用品远离现代生活而遭到淘汰,而且连带这些传统器物的无形制作技艺和传统生活习惯、生活方式也随之消失。全球化和现代化的影响使许多留存于小范围人群的传统文化形式和生活习惯,已经或正在被新的现代生活方式所取代。其中某些历史悠久留存至今的特定文化形式,如口头传说、民间技艺等,虽然本身拥有较高的文化、历史见证价值,但其处境如同留存于现代社会的文物一般,面临来自现代社会的生存危机,若不加以保护,便会消失灭绝。考虑到这些非物质文化也属人类的共同遗产,以及它们不容乐观的留存现状,联合国教科文组织采取了积极的措施。例如,第一阶段,关于保护传统和民间文化的建议,即 1989 年 11 月,联合国教科文组织第 25 届大会通过了《关于保护传统和民间文化的建议》(又译为《保护民间创作建议案》),明确提出了保护传统民间文化的重要性,并分别对民间创造的定义、鉴别、保存、保护、传播、维护与国际合作做了具体阐述,并要求缔约国采取各种必要措施,保护传统和民间文化免遭种种人为的和自然的灾害。第二阶段,建立"活的文化财产"(人类活财富)制度,即 1993 年,联合国教科文组织第 142 届执行局会议决议,建立"活的文化财产"制度。第三阶段,建立"人类口头和非物质文化遗产代表作",即 1998 年 10 月,第 155 届执行局会议通过了联合国教科文组织宣布的《人类口头与非物质文化遗产代表作条例》,使非物质文化遗产的保护有章可循和制度化。2000 年,联合国教科文组织建立"人类口头与非物质文化遗产代表作";2001 年,宣布了第一批代表作;2003 年、2005年分别评选出 28 项和 43 项,至 2005 年 11 月,联合国教科文组织总共宣布了人类非物质文化遗产代表作 90 项。第四阶段,通过《保护非物质文化遗产公约》,即 2003 年10 月 17 日,联合国教科文组织第 32 届大会通过了《保护非物质文化遗产公约》。

联合国教科文组织作为一个致力于文化遗产保护的国际性组织,在世界范围内展开的文化遗产保护行为一直富于影响力,例如依据《保护世界文化和自然遗产公约》(《世界遗产公约》)所进行的世界文化遗产和自然遗产的评选活动和制定工作,就使入选遗产不但赢得了世界性的名誉和关注,而且其保护工作也受到来自国际社会的监督。因此,有关非物质文化遗产代表作的评选便是仿照颇为有效的物质遗产保护理念而进行的有益尝试与探索。评选出的非物质文化遗产隶属不同国家和地区的特定非物质文化表现形式的价值及其保护计划,首次得到了来自国际社会的确认,从而确立了"文化遗产"概念从物质向非物质遗产领域的拓展。此后,实物性不再成为衡量文化遗产、设立保护规范的惟一依据。联合国教科文组织关于遗产保护对象的演变历程,可以使我们从一个侧面较为清晰地看到文化遗产概念从物质到非物质遗产的拓展过程。物质遗产与非物质遗产,作为文化遗产概念内的两大类型,具有截然不同的表现形式和特征。为了完善非物质文化遗产的概念,必须对其非物质性所造成的多样表现形式进行分析,以获得对非物质遗产共性、本质等基本问题的认识。

6.2.2　非物质文化遗产概念的界定

文化遗产概念的拓展,使文化遗产有了"物质"与"非物质"的分界。不论是"口述与非物质文化遗产",抑或是"非物质文化遗产",都是目前沿用较广、用来专指相对于物质遗产的非物质遗产类型。物质与非物质文化遗产作为遗产构成的两大类型目前已得到人们的普遍认可。如果说物质文化遗产是对文物、建筑、遗址等所有物质类遗产的统称,那么何为"非物质文化遗产"? 其"非物质"到底体现在哪些方面,具体包括哪些遗产形式呢? 我们有必要从不同国家和地区对非物质文化遗产的相关定义入手,来分析和探讨非物质文化遗产的概念、本质及表现特征等问题。

日本和韩国是首先提出和使用"无形文化财"(intangible culture heritage)一词的国家,这个名称十分接近于现代比较通用的"非物质文化遗产"。在两国的文化遗产保护法——"文化财保护法"中就有专门针对"无形文化财"保护的内容,其中也对这类遗产做了相关定义。日本将其定义为戏剧、音乐、传统工艺技术及其他非物质的文化遗产中历史价值或艺术价值较高者[1](1950);韩国的定义为在历史、艺术、学术等方面具有较高价值的演剧、音乐、舞蹈、工艺技术以及其他非物质的文化载体[2](1964)。两者的定义颇为相近,都将非物质文化遗产集中在传统表演艺术、

①　复旦大学文物与博物馆学系.文化遗产研究集刊[C].上海:上海古籍出版社,2001.
②　同上。

民间技艺等非物质文化的表现形式。由于日韩两国是较早意识到非物质类遗产的存在价值，并将其列入行政和法律保护程序的国家，因此由此所形成的非物质文化遗产观念及保护理念不仅具有开创性的意义，而且对以后其他国家和地区在非物质文化遗产及其保护观念上的认识，也会产生一定的影响和启发。事实上，其后联合国教科文组织关于非物质文化遗产的保护行动，就是在继承"无形文化财"理念的基础上而发展起来的。

"非物质文化遗产"名称几经变动，最早多名为"民族民间文化遗产"，后来根据联合国教科文组织公布的"人类口头与非物质文化遗产代表作"，改称为"口头与非物质文化遗产"，最后根据联合国教科文组织《保护非物质文化遗产公约》的规范名称，称作"非物质文化遗产"。而对于"非物质文化遗产"概念的定义，联合国教科文组织在不同的时期做出了以下不同的解释：

其一，人类口头与非物质文化遗产是指"来自某一文化社区的全部创造，这些创造以传统为依据、由某一群体或一些个体所表达并被认为是符合社区期望的，作为其文化和社会特性的表达形式、准则和价值通过模仿或其他方式口头相传。它的形式包括：语言、文学、音乐、舞蹈、游戏、神话、礼仪、习惯、手工艺、建筑艺术及其他艺术。除此之外，还包括传统形式的联络和信息"（联合国教科文组织，2000）。

其二，口头与非物质文化遗产是指"人们习得的过程，这些过程涉及他们知晓的和创造的知识、技能和创造力，涉及他们创造的作品，涉及资源、空间，以及与他们的持续发展有关的社会及自然关联因素，这些过程使现存的社会具有继承前代的观念，对其文化特性有重要意义，并对保护文化多样性和人类创造力有重要意义。非物质文化遗产包括口头文化遗产、语言、表演艺术和节庆活动、宗教仪式和社会活动、宇宙观和知识体系，关于自然的信仰和活动"（联合国教科文组织，2001）。

其三，"'非物质文化遗产'指被群体和个人视为其非物质文化遗产的各种实践和表现形式（包括必要的知识、技能、工具、实物、工艺品和场地），而且须与普遍接受的人权、平等、可持续性及文化群体之间相互尊重等原则相一致。各群体为适应生存环境和历史条件不断使这种非物质文化遗产得到创新，同时使他们自己具有一种历史感和认同感，从而促进了文化多样性和人类的创造力。'非物质文化遗产'包括各种形式的口头表达，表演艺术，社会风俗、礼仪、节庆，有关自然界的知识和实践"(联合国教科文组织,2002)。

上引3个表述各异的文本说明"非物质文化遗产"这一概念的内涵和外延仍在不断探索之中。尽管表述不尽相同,但不难发现,非物质文化遗产的一些基本特征已被锁定。"与物质文化遗产相比,非物质文化遗产主要是依附个人存在的、身口相传的一种非物质形态的遗产。它们往往以声音、形象和技艺为表现手段,依靠特定民族、特定人的展示而存在"(朱诚如,2002)。"非物质文化遗产是包含着诸多因素的复杂系统",并且"具有系统、过程、依附于人、习得和濒危的特点"(宋向光,2002)。国际博物馆协会中国国家委员会主席、中国博物馆学会理事长张文彬教授(2002)将非物质文化遗产的最大特点概括为"不脱离民族特殊的生活生产方式,不脱离具体的民族历史和社会环境,是民族个性、民族审美活动的显现。因此,对一个民族来说,非物质文化遗产乃是本民族基本的识别标志,是维系民族存在发展的动力和源泉"。这也是本章认同的对非物质文化遗产概念的界定。非物质文化遗产概念的产生显示了人类对文化遗产的一种全面尊重,标志着人类认识自己的一个新的阶段,具有重大的现实意义和深远的历史意义。

6.2.3 对非物质文化遗产概念的定义

笔者从旅游的角度出发,将现有非物质文化遗产的外延进行了扩展,认为一切只要能够反映民族文化传统及特色的、不以物质为载体的遗存都属于非物质文化遗产(如所有历史掌故、神话传说、传统节日等),而不仅仅是那些濒危的、独特的、依附于人的非物质文化遗产。

6.3 旅游和非物质文化遗产的关系分析

非物质文化遗产的重要性是不言而喻、不证自明的,对待非物质文化遗产,不能够仅仅局限于保护。从本章对非物质文化遗产的定义出发(下文对非物质文化遗产的定义都以笔者的定义为准),仅仅有像对待古董和收藏文物那样的保护意识是绝对不够的。非物质遗产与物质遗产的区别就在于,它不是躺在博物馆里的文物,而是活生生的文化传承,甚至需要大力开发才能够使其重现生机,欣欣向荣。当然不局限于保护并不意味着不需要保护,保护和开发从来都是一对矛盾、一个难题。

6.3.1 旅游与非物质文化遗产保护相辅相成

目前,我国非物质文化遗产的保护资金极其缺乏,更需要拓宽资金筹措的渠道。笔者认为将非物质文化遗产转化为旅游资源进行开发来取得经济效益,既解决了非物质文化遗产保护资金的问题,又能为旅游开发提供新的旅游资源,促进旅游业的发展。

这也是符合时代发展的需要的。非物质文化遗产的保护是为了传承文化,这是文化发展的需要;对非物质文化遗产进行的旅游开发,目的是通过开发,促进旅游经济发展,这是经济发展的需要。因此,非物质文化遗产的保护与旅游的结合是水到渠成,相辅相成的。具体分析如下:

1. 文化需求

人们总是在一定的动机、需求下产生相应的行为,因此旅游产品的设计必须满足旅游者的需求[①]。自然风光的美丽,是人的一种内心体验,这种主观感受,在很大程度上会因为人们所赋予的文化蕴藏而出现较大差异。随着人们经济文化需求的不断提高,需要对旅游业注入新的动力,才能满足人们不断增强的需求欲望。因此,只有将旅游与文化有机结合,才能发挥旅游业的巨大潜力,让游客在进行形象直观的感知的同时,自觉与传统文化接轨。这不仅可以使游客增加知识,满足好奇心理,还可以拓宽视野、启迪美感、提高修养。许多风景区之所以独具魅力的重要原因之一,就是这些自然风景有了许多神话、传说、民俗等文化的浸透,使得山水有情,草木传神,旅游才更有意趣。例如,云南石林彝族自治县成为旅游胜地,除了当地秀美的石林以外,彝族独具特色的民风、民俗、彝族神话传说更是人们心驰神往

---

① 肖星. 旅游资源与开发[M]. 北京:中国旅游出版社,2002.

的重要原因。所以,随着消费者对旅游文化的需求发展,在未来的旅游竞争中,越是具有中国特色、民族风情的东西,越受群众欢迎,越受世界欢迎。民俗文化旅游活动必将成为中国旅游的主流。非物质文化遗产的文化价值是独一无二的,经过旅游开发,能形成文化价值独特的旅游产品,满足游客的文化求知需求,带给游客独特的精神享受。在这种文化需求的动力下,旅游开发者越来越重视旅游产品的文化品位,对非物质文化遗产的旅游开发也逐渐重视。因此,旅游开发者因为文化的需求对非物质文化遗产进行资源开发和产品设计,而非物质文化遗产因为开发而在一定程度上促进了文化的发展和传承,有利于非物质文化遗产的保护和发展。

2. 经济需求

一方面,一部分非物质文化遗产正濒临灭绝,亟须保护,但保护资金严重缺乏;另一方面,旅游开发层次亟须提升,游客对旅游产品文化档次的要求越来越高,因而只有通过对文化价值大的旅游资源的开发,才能实现旅游的经济效益。首先是旅游活动的介入,解决一部分或大部分非物质文化遗产的保护资金。然后通过对非物质文化遗产的旅游开发,旅游产品档次提升,使旅游经济效益得以实现。同时,非物质文化遗产作为旅游资源,不同于一般的自然风光旅游的地方还在于,它属于较高层次的旅游方式,进一步拓展的空间非常广阔。因为非物质文化遗产,从孕育、产生的肇始阶段到不断发展的各个时期,因时代不同,时代延续的特点在遗产上会有不同的反映。每个时期,都不同程度地为遗产注入了新的成分,都会有新的创造,会有一些新的面貌以及新的代表人物。这种传承性和新生性,为后人进行提炼、想象和改造提供了辽阔的空间。

3. 文化与经济共生需求

马克思主义认为,经济是基础,文化是上层建筑。经济基础决定上层建筑文化,而文化又会反作用于经济基础。经济和文化是共生互动的,二者的互动无论在哪个社会、哪个国家、哪个民族都同样存在。这种互动共生的需求,加上旅游的经济属性和文化属性,很快产生促进非物质文化遗产保护和旅游开发的动力,推动非物质文化遗产保护和旅游开发的相互作用、共同发展。两者的相互作用主要体现在以下两个层面:

1) 文化观念、价值系统层面与旅游的互动

文化的核心由一整套的传统观念和价值体系构成。非物质文化遗产是人们长期共同创造并传承至今的宝贵财富,与物质文化遗产不同,它更强调传承一种文化的观念。这种观念包括意识、精神、思想、心理状态和心理素质。在时间的长河里,这种观念贯穿于人们生活的始终,并不断被发展和创新。比如民俗类非物质文化遗产,传递的就是流传于某个社区群体的一种特殊文化观念。这种不同的文化观念和文化价值经过旅游活动的介入,形成一种独特的旅游资源,并在旅游者的求异心理驱动下,不断被挖掘和实现。同时,旅游的介入,也给当地人带来新的文化观念和文化价值系统,从而产生社区内外价值和观念的碰撞和冲突。若二者相互融合,则形成非物质文化遗产的保护与旅游开发的良性互动,促进双方共同发展;反之则形成非良性互动,阻碍甚至破坏对方的发展。

2) 文化表现形式层面与旅游的互动

一定的文化总是通过一定的表现形式而予以体现和反映的。非物质文化遗产具有无形性,更需要通过载体才能体现其文化价值和内涵。根据国务院《关于加强文化遗产保护的通知》,非物质文化遗产的表现形式主要为口头传统、表演艺术、民俗活动、礼仪节庆,有关自然界和宇宙的民间传统知识和实践、传统手工艺技能等。这些不同的表现形式与旅游相结合,形成不同的旅游资源,在旅游者求异心理驱动下,成为各地旅游发展的重头戏。同时,旅游的介入,也能在一定程度上影响非物质文化遗产的表现形式,促进其外在形式的多元性,从而达到保护非物质文化遗产的目的。

6.3.2 旅游对非物质文化遗产的消极作用

这种以旅游养保护的模式,在很多地方都被证明是成功的,尤其在遗产地发展旅游的初期,旅游在促成社会各方重视并支持文化遗产的保护方面展现了强大的能量。但是,随着时间的推移,旅游对文化遗产的负面影响开始暴露出来,且由于非物质文化遗产本身的特性,旅游发展与遗产保护的矛盾就显得更加突出。

1. 旅游活动致使非物质文化遗产舞台化、商品化和庸俗化

由于现代旅游活动主要是一种大众文化活动,具有娱乐性、商品性和意义消解的特性,为数不少的旅游者怀着文化猎奇的心态,这就使非物质文化遗产发展过程中有被不正当的舞台化、商品化甚至庸俗化的可能。为了迎合旅游者的世俗化需求,一些代表地方传统文化特色的东西被任意改头换面或大肆仿造;一些与本地文化无丝毫联系的"景观"或活动内容凭空出现。特别是一些传统的民间习俗、仪式和庆典活动本来都是在特定的时间和地点、按照传统规定的内容和方式举行,但是很多这类活动随着旅游活动的开展而逐渐商品化,不再有什么"规矩",而是根据"旅游需求"随时随地开展,活动的形式和内容也相当"灵活",带有明显的表演色彩,在很大程度上失去了原有的意义和价值。更有甚者,为旅游目的地建立所谓的"保留区"——驱走一些当地居民,把余下的人群"保留"起来,为游人进行"文化展示"。如美洲的一些印第安人部族扮演"为游客而保留的原始人"。在我国,也有一些乡村被改造、指定为"民俗村",许多文化人士对这种迁就游客"期望"的文化表演——同时也是文化歪曲,提出了许多批评意见,认为这对遗产地文化尤其是非物质文化遗产的发展是极其有害的。

2. 旅游活动致使非物质文化遗产的独特性和多样性遭到冲击

这是一种比较普遍的批评意见。传统文明保护比较好的地方往往是地处偏远或者交通不便的不发达地区,旅游活动的开展打破了原本相对封闭的传统文明。由于旅游者与接待地主人之间不平等的经济地位,使得旅游者的现代文化背景相对于目的地传统文化往往具有相对的强势地位。受到所谓繁荣的"示范效应"的激励,当地居民比较容易接受旅游者带来的"现代文明",使当地人在潜意识里不自觉地模仿甚至努力学习旅游者的生活方式,从而使非物质文化遗产所在地的生活方式、生活习惯乃至传统习俗发生改变,传统文化尤其是非物质文化遗产受到冲击。

3. 旅游活动致使非物质文化遗产存在的文化环境遭到削弱和破坏

旅游活动这一特殊的媒介,使得非物质文化遗产所在地本土文化同外来文化之间的相容程度得到某种程度的扩展。在一般情况下,任何本土文化在同外来文化接触时,都只是选择那些与本身文化价值观相契合的东西加以接受和吸收,而对那些与本身不相容的成分予以排斥。在旅游发展中,遗产地对于外来文化也会有

本能的选择,但在经济目的地的刺激下,选择接受的范围会比一般情况下有很大的扩展。旅游接待地要想得到良好的发展,就必须满足旅游者的需要,这一事实逼迫旅游业的各方参与者不得不接受外来文化中某些必要的内容,有意识地为外来文化的进入做出非正常的让步,甚至主动创造适合旅游者的文化环境。随着时间的推移,外来文化的某些文化内容会逐渐扩散到本土文化中,从而造成非物质文化遗产旅游地生存的固有文化特色被削弱或破坏。

面对这样的情况,不少人用"祭"这个字来形容非物质文化遗产地发展旅游的无奈情境,似乎想说明旅游本身的某些属性注定了遗产地必将为发展旅游付出代价,这种代价就是文化遗产尤其是非物质文化遗产真实性的被侵蚀乃至丧失。于是,现实中我们必须直面这样的两难困境:一方面现实世界需要旅游为非物质文化遗产的保护提供市场支撑,另一方面旅游活动的开展又对非物质文化遗产的真实性造成了冲击。

6.4 非物质文化遗产的旅游产品化

6.4.1 人造景观与非物质文化遗产的关系分析

在这种情况下,笔者提出以人造景观的方式来对非物质文化遗产进行景观可视化,打造旅游产品,可能招来非议无数。本来旅游就已经对非物质文化遗产的真实性造成了冲击,人为地来设计景观岂不是更加罔顾其真实性?

1. 真实性原则与人造景观

真实性是非物质文化遗产保护的灵魂所在,这一点是毋庸置疑的。但也应认识到真实性不可避免地带有主观色彩,它并不是文化传统与生俱来的内在秉性,而应该被看作是"社会进程中代表不同利益的社会群体斗争的暂时性结果"[①],因此,真实只能是相对而言的。

---

① Bruner E M. Transformation of self in tourism [J]. Annals of Tourism Research, 1991,18(2): 238 - 250.

首先，从空间上看，不存在一个放之四海皆准的绝对的真实性原则。由于各个国家在社会、经济制度、价值观、文化观以及保护观等方面的差异，不同国家对于遗产保护的真实性有着不同的理解。我们必须认识到所有的文化和社会均扎根于由各种各样的历史遗产所构成的有形或无形的固有表现手法和形式之中，对此应给予充分的尊重。如果不顾各国的传统精神，死搬硬套"国际"真实性标准，不仅非常困难，而且对原有的传统价值观也是一种冲击。因此，在吸收国际真实性标准的合理和科学元素的同时，对于遗产真实性的解释必须与本土文化有一定的调和。

　　其次，就历史的角度看，真实性也总是相对的，它是个与时间有密切关系的概念。首先必须认识到，每一代人从历史的角度看都毫无例外地处于一种过渡阶段，对于历史的解释和理解以至保护方法的确定，都仅仅建立在目前这一代人对历史和未来的理解的基础上，不同的人对历史的认同有不同的侧重和偏好。同时也要看到，历史在不断地前进，文化在向前发展，每一代人都会按自己对史实的理解去诠释历史和续写历史，无论是何种形式的表现，都是对历史的重构，这种重构的历史随着时间的推移，有些就会具有继发的真实性。

　　所以，我们在考察旅游活动对非物质文化遗产真实性的影响时，在看到旅游所造成的消极后果的同时，也不能将真实性原则绝对化，夸大旅游开发对非物质文化遗产真实性的冲击，而是应该客观地认识和评估。

　　此外，对于那些旅游资源贫瘠、历史遗留毁坏严重的地区，尤其是那些经济不发达、希望依靠旅游这个助推器来带动经济发展的地区，通过人造景观与非物质文化遗产相结合来弥补先天不足、开发旅游无疑是目前较好的途径。

　　同时，国内出现了求知、求新、求奇、求乐的所谓深度旅游的潮流。在这种潮流中，明显地蕴藏着文化的内涵。要满足旅游者这种具有文化内涵的需求，旅游资源的供给便越来越重视社会资源和人文景观。从这个意义上来说，要想促进现代旅游业的发展，要想满足层次趋于提高的旅游需求，人造景观的作用和功能便显得越来越重要。

　　大规模的人造景观的出现，是 21 世纪全球旅游业发展到相当程度后的产物。一些发达的西方国家在这方面最早进行了尝试，并取得了成功。美国的迪士尼乐园、日本的豪斯登堡，以及荷兰的微缩景园等，都是人造景观的成功范例。随着我国改革开放步伐的不断加快，旅游事业的迅速发展，人造景观在我国从 20 世纪 80

年代起,经历了从无到有、到数量快速增长的过程。尤其是深圳"锦绣中华"景区获得巨大成功之后,修造人造景观的热潮一发而不可收。

由于各旅游地发展现状的差异性以及旅游层次及结构的不同,各地在人造旅游景观的开发中出现了一些普遍性的问题。如重复建设、主题定位模糊、缺乏文化内涵等,这方面前人已做过不少研究,在此笔者就不再赘述。

2. 人造景观设计要点

结合笔者为扬州瘦西湖新区和徐州睢宁九镜湖所做的规划,认为以人造景观来进行非物质文化遗产的景观可视化,应注意以下几点。

1) 规划前注意事项

规划前应进行严格的、科学的论证,掌握好兴建人造景观的两个主要原则。

(1) 市场导向原则,即分析客源市场潜力、客源的需求动向、偏好、经济收入、闲暇时间以及旅游观念等。

(2) 特色原则,即无资源地或少资源地可以利用人造景观不受时空限制的特点,"无中生有"地造景,但不能重复、模仿或雷同;好资源地一般不宜造景,而要保留原有特色。尤其是"真景面前不造假景",热点资源地应对原有资源做好包括修复在内的保护工作,使其回到历史原貌。同时还应充分挖掘和利用资源条件,开发一些与原有景观互相映衬、相得益彰的旅游产品。唯有如此,才能使建成的人造景观分布合理、品位高卓、个个具有强烈的文化内涵和高度的吸引力。

2) 规划和设计时的注意事项

在规划和设计人造景观时应具有强烈现代意识,创意要新颖,努力形成自己的特色;在形式上要考虑观光娱乐与旅游度假生活的要求,突出老少皆宜和寓教于乐的功能,将观赏性和参与性结合在一起。

(1) 扩大外延、增加内涵、努力形成自己的特色。充分挖掘当地的文化遗存,以汉文化为特色。但并不局限于建一些汉式建筑、复建一些历史建筑,而是据此开发一系列的旅游产品。如汉时美食、饰物等。

(2) 通过假古董、真文化,增加人造景观中的文化知识含量。这里的建筑物可以全是复建,但建筑物的形式格局以及建筑物内的一切陈设乃至服务人员头上梳理的发式全是有根有据的真文化。游人到此可以感受到我国源远流长的民族文化的真切氛围,在游览观赏中增长许多历史文化方面的知识。借此,提高该人造景观的文化品位,吸引更多的游人。

(3) 变静为动,去掉栅栏,加大游客的娱乐性和参与性。目前,不少人造景观仍然采用静物展览的陈旧形式。一条绳索、一道栅栏把游人和展品分开。导游讲,游人看,索然无味,所以人造景观应改变静态展示,增加游人的参与性。如进行汉时民俗风情表演等,给游人一个惊喜,留下难以忘怀的印象。

(4) 风水论在景观设计中的运用。风水理论是有关城市、村镇、住宅、园林等建筑环境的基本理论与规划设计的理论,它集自然地理学、建筑景观学、心理学、美学等知识于一体,运用于古代建筑规划之中。它包含着丰富的科学知识,注重建筑本身的布局安排,从时空的角度考察人体与自然地理环境、地极磁波变化的关系,力求人与自然环境的和谐统一。

它是我国传统文化的产物,可以认为,"堪舆"是中国古代的一种景观设计理论和东方的环境科学,也是我国宝贵的非物质文化遗产。在景观设计中,灵活运用风水理论,可以达到事半功倍的效果。如九镜湖规划中九镜塔的设计,就充分考虑了风水的因素。

总而言之,人造景观要注意主题标志化、设计特色化、形象生动化,从而具有较强的创造力。许多成功的事例证明,在此基础上建设的人造景观,生命力将是非常持久的,由此产生的经济效益也相当可观。另外,各人造景观在活动安排上应提高游客的参与性。旅游活动具有文化性和经济性的双重特点,两者相互依存。人造景观的成功与否完全取决于游客对其文化主题的认同与否,而这种文化认同在一定程度上则表现为游客的参与。为提高游客的参与性,人造景观的开发建设在制定其文化主题时,要注重雅俗共赏,既有较高的文化含量和品位,又有较强的游客参与性,这正是世界各地一些人造景观长盛不衰的重要原因之一。

6.4.2　旅游节庆与非物质文化遗产的关系分析

旅游节庆是对以旅游为导向的节日和特殊事件的合称,一般多是借助民俗风情、地方特色、人文历史而开展的地域性活动。它们在挖掘文化内涵、提升城市功能和塑造旅游形象等方面发挥着积极作用,是经济发展的助推器。

旅游节庆内容丰富,形式多样,上下互动,是展示文化资源、文化成就的重要舞台,是国内外了解我国文化旅游资源的重要窗口。通过旅游节庆可以发掘、展示从而更好地保护非物质文化遗产,这对我国文化事业的发展影响是积极的。首先,以旅游节为载体,可以充分展示我国的特色文化资源,推动特色文化品牌的培育,带动基层节庆活动的蓬勃发展;其次,以旅游节为契机,加大了对非物质文化遗产的挖掘、保护和开发、利用;再次,通过举办旅游节,扩大了文化工作的社会影响,提升了文化工作的社会地位。

1. 旅游节庆的功能

相比于人造景观,作为旅游产品,旅游节庆无疑是一个更好的选择。旅游节庆活动有多方面的功能:第一,旅游节庆是一个旅游产品,而且是一个创新性的产品。第二,旅游节庆是一个营销手段,通过旅游节庆活动在短期内凝聚人气,形成影响。第三,旅游节庆要成为一个城市的品牌象征。这三个功能要突出两方面作用:一是产生地方品牌效应,二是全面拉动经济。

通过旅游节庆来促进非物质文化遗产的利用、保护和发掘,可以更好地展示和发展我国的非物质文化遗产和优秀民间艺术,推进城市非物质文化遗产的保护与传承,提高城市非物质文化遗产的知名度,弘扬特色文化品牌,增强各民族的凝聚力,强化地区文化旅游资源的整体推介,促进地区经济、社会、文化的全面发展。

2. 旅游节庆的操作要点

专家预测,21世纪的中国将会面临真正意义上的"休闲时代",随着社会节奏的加快和社会竞争压力的增大,中国人更需要一种休闲放松式的节日,给自己找个机会去狂欢,或者是在节日的氛围中寻找浪漫。旅游节庆在目前的休闲活动中扮演着重要的角色。

但是目前的旅游节庆活动存在着不少问题,如节庆活动名目繁多,主题不突出,吸引力不强等。鲜明的主题、特色内容、商业项目、固定时段、集聚的人流和气氛,以上这些都是旅游节庆可以运用的重要无形资产。旅游节庆还需建立多元的筹资机制:①广开赞助门路,完善投资回报机制。②专营权转让和广告场地租赁。指定产品专营权的转让和广告场地租赁有着丰厚的收益,可为节庆筹集较多资金。

③票务经营多样化,开发票务的衍生产品,如按票号抽奖赢奖、旅游或购物赠票等。

④大力开发节庆旅游纪念品。在任何一个重大节庆中唱主角的都少不了纪念品,节庆的吉祥物、标志物、会标以及景点的微缩模型等都能制成形式多样的纪念品。

⑤做足贸易展览生意。围绕节庆主题,举办相关的交易会、展览会,扩大办节的影响力和资金的回收能力。

第 7 章

城市旅游与街区旅游产品

历史街区是指具有历史文化价值并且保持一定原有风貌的地区或者地段,具有独特的历史地段风貌和丰富的历史遗存两大特点。国际上把历史街区作为保护目标始于 20 世纪 60 年代的法国。1987 年国际古迹遗址理事会公布了《华盛顿宪章》,对保护城镇历史性街区做了详细的规定。在中国,1986 年国务院正式提出了历史性街区的概念。本质上讲,历史街区是一种文化现象,是在特定的时代、特定的地域中留下的历史痕迹,反映了一定的历史和社会情况,并且以其独有的文化视角记载和传承了历史信息。目前关于历史街区的保护和旅游开发做得较好的有平遥、丽江,以及黄山市的屯溪老街等。

南京是中国四大古都之一,被称为六朝古都和十朝都会,于 1982 年被列入第一批中国历史文化名城目录。南京的梅园片区是南京历史文化底蕴深厚的一个区域,也是玄武区的重要旅游区域,是体现"休闲玄武"这一旅游形象的核心板块。本专题规划的范围东面和北面包括雍园、桃园和毗卢寺用地,南面包括建材局用地和中山东路北侧部分用地,西面包括南空沿街部分用地和汉府街长途汽车站用地。为了从更广的层面深入分析梅园片区,专题特地将研究范围放大到长江路总统府和 1912 街区,通过延伸研究对象空间,帮助梅园片区构建更为合理的产业规模。

该区内拥有众多旅游景点,且地域相连,如何将这些体现不同历史含义、不同特色的景点串联起来,形成合力,打造突出民国特色的文化片区是本章研究的主题。本章认为梅园片区发展旅游要以长江路为轴,重点烘托总统府、梅园新村纪念馆,把民国文化主题彰显出来,最终打造成一处内涵丰富、格调高雅、风情独特的文化休闲场所。本章拟从产业分析、市场分析、开发定位、产品论证、配套设施、管理与服务这六方面研究如何发展梅园片区的旅游产业。

7.1 产业分析

7.1.1 旅游产业条件和存在问题

梅园片区的旅游产业正处于起步阶段,发展的机遇和问题并存,本节采用"SWOT"方法对其进行全面的分析。

1. 优势(strength)

梅园片区旅游产业发展的优势主要表现在以下几方面:一是片区内旅游资源密集度高且内涵丰富,体现在以总统府为代表的民国文化,以梅园新村纪念馆为代表的红色旅游和以毗卢寺为代表的宗教文化等,这一条件为该区的旅游发展注入了巨大潜力。二是诸多相关规划积极推动梅园片区的建设,如中共代表团办事处旧址(梅园新村)保护规划(1998)、长江路文化街城市设计(2000)、南京历史文化名城保护规划(2002)、长江路文化街景观规划(2003)、梅园新村历史街区保护与利用规划(2004)。这些规划的编制将成为加快梅园片区旅游发展的必然要求和重要条件。三是梅园片区位于南京中心城区,在主城内堪称"黄金地段",它的区位优势是不言而喻的。

2. 劣势(weakness)

梅园片区目前之所以没有发展起来,最主要的原因是旅游产业结构不平衡,产业链不够完整。旅游产业是由一连串横向联系的企业构成的产业链,旅游产业链只有做长、做宽、做强了,旅游效益才会有更快的提高。这种横向产业链和其他产业的纵向产业链意义完全不同,纵向产业链的企业不必一起面对消费者,只有其"头部"生产成品,直接面对消费者,产业链条的其他部分则隐蔽在生产者之间的市场关系中;横向产业链则是整个产业链条直接面对消费市场,一起组装一件"产品",必须合力来抬这顶轿子。而梅园片区当前就严重缺乏餐饮、住宿、娱乐、购物等配套设施,横向产业链呈现脱节的现象,无法发挥产业链"合力"的巨大效益。梅园片区只有在完善六大要素的基础上,延伸产业链,才能唱好旅游与经济、资源与产品、产品与收入相互促进的综合大戏。

3. 机遇(opportunity)

南京各级政府和社会各界在近期对民国文化的关注度以及当今社会休闲产业的兴盛,成为以民国文化为特色的梅园片区发展休闲旅游产业的最大机遇。

4. 挑战(threats)

梅园片区目前和未来面临的主要挑战是:旅游资源优势是否能转换成旅游产品优势;旅游促销的力度是否到位;后期旅游管理体制是否适应片区的发展。这些都将对梅园片区旅游业的可持续性发展产生影响。

7.1.2 旅游业的地位

1. 旅游业是不是支柱产业

梅园片区发展旅游业是根据整个区域丰富的旅游资源状况、牢固的社会经济基础、稳定的旅游客源构成等因素决定的,而看旅游业能否成为该片区的支柱产业,关键还在于社会需求。国家旅游局原规划与财务司司长魏小安指出,在市场经济条件下,市场是最大的优势,需求是最大的资源,关键是要形成社会的有效需求,需求是旅游形成支柱产业的最重要的资源和优势。此外,他还指出,在实际发展过程中,旅游业的功能重心会逐步地转移,目标体系也会逐步地转换。从现在来看,经济的功能是我们追求的最主要的功能,从长远来看也是最基础的功能。但是在发展的过程中,除了经济功能之外,文化功能将逐步突出,最终追求的是通过旅游长远的发展达到人民生活质量的全面提高。

联系梅园片区,它是体现"休闲玄武"的核心旅游板块,同时也满足了当今社会对休闲旅游的大需求;而民国文化、宗教文化、红色旅游文化等又强化了该区的文化功能,这就促使了梅园片区旅游业的功能重心逐步从经济功能向文化功能的转变。因此随着梅园片区旅游产品的成熟,对民国文化的深入打造,旅游业成为梅园片区的支柱产业是必然的。

2. 旅游业与休闲业的关系

梅园片区在今后的开发过程中不仅旅游业占主导地位,休闲业也被列在重要位置,这是由玄武区的整个旅游形象定位所决定的。笔者认为若要明确休闲业在该片区占多大的比重,必先理清楚旅游业与休闲业这两者之间的关系。

笼统地讲,休闲产业是指与人的休闲生活、休闲行为、休闲需求(物质的、精神的)密切相关的领域。特别是以旅游业、娱乐业、服务业、体育产业和文化产业为龙头形成的经济形态和产业系统,一般包括国家公园、博物馆、体育运动(运动场馆、运动项目、体育健身设备、设施维修)、影视、交通、旅行社、餐饮业、社区服务以及由此连带的产业群。中国艺术研究院休闲研究中心主任马惠娣指出,伴随着社会经济的转型,休闲产业的发展必然经过传统的旅游业、旅游休闲业和休闲旅游业等3个阶段向休闲业转变。

目前,中国在社会文化经济基础方面也促进了休闲产业与旅游业关系的日益密切。从人们对文化精神生活的需求看,多方面发展自我的需求越来越强烈,人的休闲需求(心理的、情感的、成就感的、智力的、肢体表达等方面)呈多元化的发展趋势,旅游业面临新挑战:由从众游到个性游,由感性游到理性游,由"赶场式"的游到欣赏游,由"集中时间"游到"分散"游,由旅游到休闲度假游,由城市游趋向乡间游,由国内游向国外游;旅游休闲行为方式更注重文化内涵和获得精神的满足,也更注重人的体验过程。同时,整个国家的治理与调控不仅注重经济手段、行政手段、科技手段和法律手段,而且更注重以文化引导的作用和人文关怀的力量来推动社会的进步。旅游休闲生活应该是人文关怀的重要内容,是提高人的综合素质的途径和手段,也是传播先进文化的重要载体。

由此可以看出,休闲产业与旅游业在相互促进中共同发展,并获双赢。基于这样的分析,梅园片区的休闲业是与旅游业共生的,它们之间有着巨大的交集部分,两者互相影响、互相促进,并且休闲业也是随着旅游业在该片区的逐步渗透和深化而相应加大比重。

7.2　市场分析

为了更加合理地对梅园片区进行开发定位,同时更加客观、科学地打造旅游产品,本章特地设计了专门针对梅园片区旅游发展的调查问卷。此次问卷调查活动主要在新街口和梅园片区开展,共投放 500 份,有效问卷 479 份。经严格统计后,本章拟从客源市场这一角度详细分析梅园片区的旅游发展,即两大客源市场——本地市民和外地游客(前者占 49.1%,后者占 50.9%)。

7.2.1　认知度

梅园片区作为一个新近开发的历史街区,因其丰富的旅游资源和突出的文化内涵而受到社会的关注。此次对梅园片区认知度的调查结果显示:有过半数的受调查对象知道这一片区(比例为 53.4%),了解梅园片区和对该片区完全不清楚的比例分别为 24.2%、22.4%;在外地游客中,对梅园片区完全不清楚的仅占31.7%。这充分说明了梅园片区已在社会上具有一定的知名度,这无疑给它的旅游开发之路奏响了前奏。

透过这一现象再联系片区内总统府和梅园新村纪念馆的知名度,可以发现它们之间有一定的内在联系。在该片区所有的旅游资源中,包括总统府、毗卢寺、钟岚里、梅园新村纪念馆、1912 街区等,总统府和梅园新村纪念馆的社会知名度是最高的,知道这两者的比例分别达到 96.5% 和 71.6%。同时人们对总统府的评价也较高,就景点质量本身,本地市民和外地游客做出了 41.2% 的"很好"评价和45.8% 的"好"评,但综合购物、导游讲解、安全卫生等方面,最后的整体评价分别下降至 15.1% 的"很好"评价和 41.1% 的"好"评。这反映了总统府作为景点,其旅游价值高是无可厚非的,而这一点也加大了整个梅园片区对社会的影响力,但配套设施和服务却不能与之同步,应引起相关部门的足够重视。

只要充分利用自身优势,开发有特色的旅游产品,加强宣传力度,扩大其在南京市的影响力,则梅园片区被打造成全国知名的特色街区具有较大的可行性。

7.2.2 市场消费特点

本章认为只有通过对外地游客在南京进行旅游消费特点的宏观分析,才能正确引导梅园片区走以市场为导向的旅游发展之路。

首先值得一提的是,外地游客来南京主要进行的一些旅游活动不外乎参观中山陵、明孝陵,游览总统府、夫子庙,新街口购物等。此次调查结果显示:首先,在外地游客这一市场群体中,将参观中山陵作为来南京的主要旅游活动的人数占78.4%,居首位;其次是选择游览总统府,人数达到75%;再次,选择游览夫子庙的比例为69%;最后,在新街口购物和参观明孝陵的比例较低,分别为42.4%和32.2%。从中可以看出,梅园片区内的总统府是外地游客在南京的首选旅游活动之一,景点本身也是得到了游客的普遍肯定。这就表明借总统府这一核心提升整个梅园片区的对外形象,是加大该片区旅游开发力度的总指导原则。

国外某著名经济学家曾指出,旅游消费的结构是表明一个国家或者旅游地点旅游业发展程度的指标。假如用于住宿、膳食和交通的开支所占的百分比高,而用于其他需要(购买各种产品和纪念品、娱乐和消遣等)的开支比例较低,这标志着有关国家或者旅游地点的旅游经济相对不发达。从这一理论出发联系外地游客在南京的旅游消费现象,对其进行以下分析可得出(见图7.1),除参观景点外,这一群体一般选择的其他消费项目中餐饮居榜首,该类项目消费人数达71.4%;其次是住宿,比例有52.1%;选择购物消费项目的人数为50.4%;比例最低的为休闲娱乐类消费项目,仅占39.7%。同时,各项旅游消费的比重中,有49.8%的外地游客用于景点观光的支出费用最多;15.4%的人群花费得最多的是住宿;把餐饮消费置于第一位的人数比例达到8.8%;选择购物支出为首的占8.4%;仅有4%的外地游客将休闲娱乐消费支出排为第一。

由此可以看出,外地游客在南京进行旅游消费的最大特点是:除景点观光这一最基本和普遍的消费外,倾向于将旅游消费停留在餐饮、住宿和购物这3个层

外地游客在南京旅游的消费情况（参观景点除外）

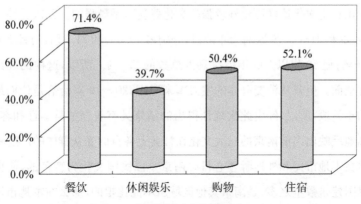

图 7.1　外地游客在南京的消费构成

次,较少涉入休闲娱乐这一层面。这就说明南京目前的旅游经济水平是介于不发达和发达之间,只有不断挖掘休闲娱乐业的发展空间,南京的旅游经济才会实现质的飞跃,从而实现旅游经济真正意义上的发达。同样,梅园片区作为玄武区休闲形象的代表区域,大力开发休闲旅游产品的工作客观合理,是应时之需的。

7.2.3　文化主题定位

在南京的六朝文化、明文化和民国文化中哪种才是人们心目中最突出的文化这一问题在此次问卷调查中得到了明确(见图 7.2):51.1%的受调查对象认为民国文化是南京最突出的文化;认为六朝文化是最突出的人数占 31.6%;认为明朝文化最突出的只占 17.3%。毫无疑问,民国文化成为当前人们心目中最突出的南京文化。

南京最突出的文化

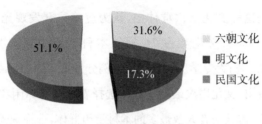

图 7.2　游客对南京文化的认知

在此需要说明的是,不同年龄阶层对文化的感受能力是不一样的,如老年群体对六朝文化和明文化这样历史性较强的文化感受力是最强的。此次受访对象集中在 20～30 岁和 31～40 岁这两个年龄段,分别占 49.8％和 21.3％,两者之和已过总人数的 70％;但 50 岁以上的年龄段只占总数的 2.9％。所以,这样的统计结果并不是非常全面。但若从消费群体的主力军来考虑,20～40 岁恰恰是他们最合理也最客观的年龄段,所以,经由此次统计得出的结果具有较强的科学性和客观性,能够较准确地反映出当前南京的三大文化在社会上各自的受众群体的广度和深度。

既然在本地市民和外地游客心目中南京是以民国文化为特色的,而梅园片区集中的民国建筑数量之多,是南京其他区域所不能比拟的,那么在本地市民心目中梅园片区是否为南京民国文化氛围最为浓厚的地方就成了一个需得到论证的重要问题。本章通过调查分析后,得出结果:在本地市民中,选择同意此观点的人数占 60.8％,不确定的人数占 27.9％,持反对态度的人数占 11.3％。从中可以得出这样的结论:在南京以民国文化为特色文化的社会大前提下,梅园片区这样一个突出的民国文化得到本地市民肯定的区域,只有在充分彰显自身的特色后,才能与社会文化大背景相得益彰。

7.2.4 产品开发导向

针对梅园片区现有的资源条件和自身特色,开发观光、休闲、文化类产品是必然的。鉴于所做调查的被访对象以高学历的人群为主(硕士及以上学历占 15.2％、本科学历占 48.4％、大专学历占 22.4％,3 类共计 86％),本章特地在这 3 个不同文化层次群体之间就一问题进行了相关的比较,即梅园片区应着重开发哪类旅游产品(见图 7.3)。

在硕士及以上这一文化层次群体中,认为应着重开发观光类旅游产品的占 54.3％、休闲类占 50％、文化类占 74.3％;本科学历中这 3 类的比例分别为 57.3％、40％和 64.9％;大专学历中三者的比例分别占 52.6％、44.2％和 64.2％。

对比后可以看出,文化层次最高的群体选择着重开发休闲和文化类旅游产品的比例都是最高的,占被访者人数最多的本科学历群体,选择观光类产品在这 3 个

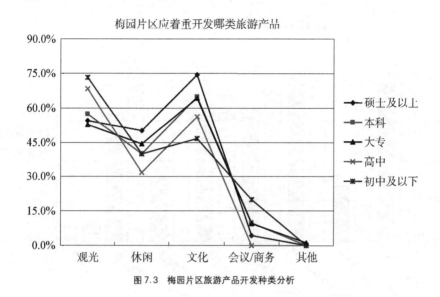

图 7.3　梅园片区旅游产品开发种类分析

不同文化层次中比例是最高的。因此结合前一节的分析,梅园片区旅游产品的开发应以文化类为主,以观光和休闲类并重为导向,迎合市场的消费需求。

7.2.5　突出问题

目前限制梅园片区旅游发展最突出的问题是旅游配套设施和服务不到位,具体情况可从调查结果中详细反映(见图 7.4)。

本章就梅园片区发展旅游最需要解决的问题,向被访者列出了诸如旅游交通、旅游住宿、旅游景点设施、接待服务质量、旅游餐饮、旅游购物和旅游环境等方面进行调查。在本地市民中,旅游环境居各个问题之首,人数比例占 43%,其次为旅游交通、接待服务质量、景点设施和旅游餐饮,分别占 39.7%、35%、33.6% 和 33.6%;在外地游客中,他们中有 39.6% 的人认为旅游交通是最需要解决的问题,比其他问题比例高,其他依次为 39.2% 的景点设施、31.1% 的接待服务质量、28.8% 的旅游餐饮和旅游环境。

上述的数据表明,对本地市民而言,他们更希望在梅园片区营造一个良好的旅

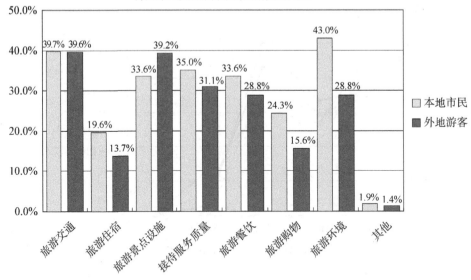

图 7.4 梅园片区旅游开发的市场供给面分析

游环境氛围。在外地游客看来,他们最希望的是梅园片区尽快改善旅游交通条件。此外,本地市民和外地游客对旅游住宿问题关注的程度为最低。因此,本章认为在梅园片区没有必要建造高档星级宾馆,这在有限的街区空间条件下是一种资源的浪费,更重要的是,未来它能否成为梅园片区旅游经济的有力增长点将是一个很大的未知数。

7.3　开发定位

　　本章对于梅园片区旅游开发定位的总思路集合了对资源情况、市场需求、经济效益、社会影响四大元素的考虑。

　　在资源基础较好,特别是文化和社会资源条件好的区域内,往往资源内涵容易被充分利用。以此为根本,可寻求开发的文化支持,确定开发的灵魂——主题。

　　市场的需求是开发的导向。产品的开发思路需要受到市场需求的引导,同时产品需接受市场的验证。了解市场需求可以很大程度上解决吸引力问题,与产品定位息息相关。

经济效益是开发利用的目的之一。自汉府街长途汽车站和汉府街美食广场拆迁以后,毗卢寺正在历经整修,梅园片区一度成为城市的灰色空间,作为古城心脏中的公共区域,并没有体现鲜明的主题、合宜的功能和可持续发展的容纳能力,对其丰富的价值缺乏充分认知和合理利用。作为玄武区自主掌握的重点街区资源,从"泛"旅游的角度进行开发,找准开发定位,客观上能为区域带来良好的经济效益。

社会影响对社区的和谐发展尤为重要,社会影响与经济效益并行。同时社会影响很大程度上关系梅园片区的知名度和美誉度。

7.3.1　主题定位

主题定位的任务是向目标市场传播核心观念。对梅园片区进行定位,必须观其文化背景环境和资源情况。汉府街片与民国政治中心——总统府紧密相连。梅园新村是国共谈判中共代表团办公原址,是体现红色旅游精神的重要民国遗址遗迹。毗卢寺是民国时期中国佛教协会的旧址,现修旧如旧,堪称民国国寺的再现。梅园片区还囊括了钟岚里等民国住宅集群。该街区民国文化资源有如下特征:分布高度密集、保存情况较为完整、类型多样。这种资源水平和街区完整协调性在全国的老城区都极为少见(见图7.5)。

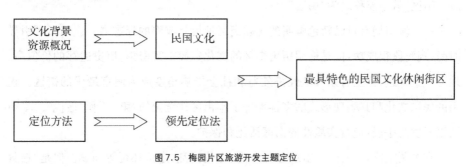

图7.5　梅园片区旅游开发主题定位

在主题定位时常用的方法有领先定位法、比附定位法、逆向定位法、空隙定位法、高级俱乐部定位法、重新定位法等。在梅园片区的主题定位中,本章经慎重选择比较,认为领先定位法最为可行。

基于以上资源现状和方法指导,现主题定位思想是以文化为核心。基于历史特色和文化的定位能够最大程度体现差异所在,即便表现形式具有可复制性,但是文脉背景是难以复制的。

本章将梅园片区定位为:最具特色的民国文化休闲街区。

以民国文化为街区的主题,尊重历史,尊重文化,要从精神上和细节上全面提炼民国文化的相关元素,通过文化展示、景观、休闲特色服务表现主题定位。民国文化体现了中西社会文化的贯通,以博爱为导向,有海纳百川的气魄,在本街区内这种文化精神体现为文化和休闲活动设计内容丰富、表现方式多元。细节,包括景观设置的细节以及服务设置的细节等。苏州古城区内把车站设计成园林内小品——亭的形式,城市内一座座桥相连,从细节上完整塑造了园林城市和江南水乡的氛围,这样的手法值得借鉴。本街区的基础设施可以采用有民国特色雕饰的门楼、柱体和雨棚等。细节有益于完善主题,提高街区的辨识度和认同感。"梅园"二字的知名度和其代表的历史意义与本主题并行不悖。

南京现有的主题街区主要有"1912""新乐园""水木秦淮",河西的"2072亚洲美食风情街区"也开始了招商,其主题内容主要集中于休闲、餐饮。然而,除了以民国建筑为外观特色,个性酒吧林立的"1912"经营状况理想以外,其他的几处街区都没有形成气候,且业态过于雷同,或者说抽离了文化和生活的内涵,没有形成集聚效应,"街区"就不能称之为"街区"。

一个城市拥有自己特色鲜明的主题街区地标是成熟的标志之一。"1912"引导时尚,现阶段很成功,但是梅园历史街区的文化资源丰富密集、历史遗存的价值高、地理位置优越,完全有条件从经济效益和社会影响角度成为南京最优的街区。正宗的民国文化和其表现形式的多样保证了本街区在全国的"第一"和"最优"。本街区以开发为手段,进行实质性的街区活化和保护。

在主题定位时,往往会出现定位过高、定位混乱、定位怀疑等问题。但是"最具特色的民国社区"主题定位,目标明晰醒目,文化内核集中,定位没有浮夸的成分,是切实可行和恰如其分的。本定位也说明了打造"梅园新村街区模式"的充分可能。

7.3.2　市场定位

市场定位考虑的是"3W"的问题,即市场需求是什么(what),何人需求(who),如何引导(how)。

市场定位要结合主题定位和市场需求确立目标市场,同时从消费者角度兼顾旅游者购买行为。

对旅游产品的需求情况预测表明,旅游产品的需求呈多元化和个性化发展,体验式旅游越来越被消费者所重视。旅游者的需求不只是停留在对传统观光旅游的需求,而是更在乎文化体验和情感感知。特别是异质文化,吸引力是巨大的。从泛旅游的角度来看,日常休闲活动是满足城市居民娱乐和社交需求的重要生活内容,彰显品位是大势所趋。梅园片区有条件满足这些需求,结合社会、文化的因素,满足旅游需求,把购买动机转化为购买行为(见图7.6)。

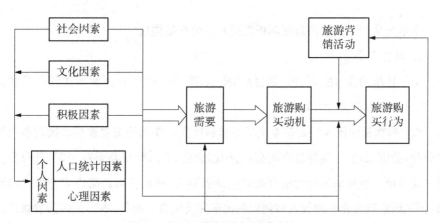

图7.6　梅园片区旅游开发市场定位分析

梅园片区服务的对象首先是南京的市民,并向外推广至国内游客以及国外游客。对于外地乃至国际入境游客来说,梅园片区一方面要吸引游客,实现留住游客的可能;另一方面,主题个性鲜明、环境优美的街区,对塑造南京的城市整体形象,提高知名度和美誉度可以起到关键的作用，使重游率上升。除了满足游客需求之外，本街区服务当地市民也有先天的地理和交通优势条件，可通达性佳。

南京某些街区难以成型，并不意味着休闲市场需求的饱和，许多市民仍然认为消遣形式比较单一，缺乏业余生活的理想场所。南京的休闲消费仍然需要积极引导，由此提升生活质量和生活满意程度。南京目前为止还没有一处把一种文化精神、多种文化形式和休闲态势完美结合，具有本地特色的高品位地区。文化项目的市场化和产业化运作程度不高，也是南京的文化休闲活动水平一般的问题所在。梅园片区有条件引导南京文化休闲市场的消费需求，形成"小街区，大文化"的文化产业的市场。鉴于其现有的高文化品位，民国文化主题街区引导和吸引的目标市场，是文化素养好、消费水准高的人群。

综上所述，梅园片区的目标市场定位为中高档消费者，以南京市民和外来旅游者为共同的服务对象，并承担引导市场需求的功能。

7.3.3　产品定位

本章先从产品要素的角度剖析梅园片区的产品构成。

1. 传统六要素

对于传统的食、住、行、游、购、娱六要素，鉴于本街区资源和人文社会环境条件，食、住、娱为主要三大要素。

食：餐饮是中国人满足基本生活需求和社交需要的最重要途径。民国餐饮异彩纷呈，公馆菜、少帅宴等名声响亮，与中国历史、名人轶事联系在一起，具有很大的文化价值。小规模的民国婚宴和高档商务宴会，格局精致。毗卢寺开发民国斋菜，把民国宗教文化和现代人对健康的追求完美结合。此外，本街区内的餐饮产品与文化基调要和谐，以高档为主。

住：打造民国洋楼为特色的怀旧住宿体验产品。在本街区打造南京本土高档个性旅馆，还原"高""保""真"的民国生活场景，实现民国古董复制品的起居使用和动态展示，吸引南京的贵客、社会精英和文化名流、海内外深谙民国文化的华人华侨、对中国文化有浓厚兴趣的广大入境游客。玄武区的星级酒店数量较少，这种住宿产品可以凭文化品位占有市场先机。

娱：设置民国风情的主题会馆、露天表演广场、语言交流场馆、"跳蚤交易市场"等，以开放和融合为精神，以民国文化为载体，承载多元的休闲娱乐活动。

2. "3E"特性

未来产品开发与市场营销，目标越来越明确，主题越来越鲜明，将更加注重旅游产品内涵，要适应新一代的"经历型的旅游者"的需求。"3E"特性是指适应未来需求的旅游产品，需要完整地包含娱乐性（entertainment）、刺激性（excitement）、知识性（education）三大特性。

梅园片区的旅游产品包含了娱乐功能。独特的文化背景和特色项目的设置具有刺激性和文化冲击力。梅园新村纪念馆和毗卢寺具有的红色旅游和宗教旅游的教育功能，总统府、钟岚里等民国的建筑为建筑和艺术教育提供了良好的素材，特色场馆也提供了教育和交流的场所。

国际旅游正在倡导一种知性的、以价值为取向的"质量旅游"，"3E"特性可以成为衡量高质量旅游产品的要素和标准之一。

在使用奥斯本的检核表法①指导本章产品创新的时候，本章关注的问题是现有资源可以增加哪些功能以及如何整合。梅园片区现阶段资源侧重传统观光教育为主，休闲功能弱，有的资源没有得到合理利用和保护，资源彼此基本各自为政。所以，本章的产品设置侧重于对梅园片区功能的增加和丰富，以及现有资源和历史资源等要素的整合。

鉴于以上剖析，本街区的旅游产品定位以高档休闲产品为主，这里的高档不完全是产品价格的昂贵，主要是指休闲产品的价值高，品位高。本街区要成为高质量的服务的保证。"最具特色的民国社区"就是南京最高尚休闲消费的代名词。

除去产品本身定位以外，包装、广告和促销手段等细节往往会影响产品的形象。

作为城市核心区域的重要部分，梅园片区旅游产品可以满足各年龄阶层消费

---

① 奥斯本检核表法是指以该技法的发明者亚历克斯·奥斯本命名，引导主体在创造过程中对照 9 个方面的问题进行思考，以便启迪思路、开拓思维想象的空间、促进人们产生新设想、新方案的方法；主要面对 9 个大问题：有无其他用途、能否借用、能否改变、能否扩大、能否缩小、能否代用、能否重新调整、能否颠倒、能否组合。该方法是一种产生创意的方法。在众多的创造技法中，这种方法是一种效果比较理想的技法。

需求,实现多元化、多态势的高品位休闲体验。

7.3.4 功能定位

梅园历史街区因其地理位置和主题定位的明确界定,其功能确定为城市休闲(见图7.7)。

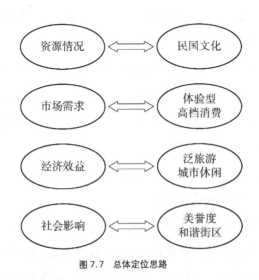

图7.7 总体定位思路

城市休闲街区产品,体现了城市空间结构组织功能的新发展,与时下方兴未艾的乡村旅游产品、度假旅游产品并立,形成鲜明对比,各司其职。人们一方面有回归自然的愿望,另一方面要在城市内寻求更新颖的生活,城市休闲街区展现的是城市的生命力和文化生活状态。

与南京其他人流量集中的城市节点和地块相比,本街区的城市文化休闲功能及其集中程度在南京地区都是唯一的。新街口以大规模的商贸活动为主,湖南路以步行、美食和精品店铺为特色,夫子庙是南京民俗的演绎地,玄武区内新兴的"1912"是城市的时尚客厅。本区的地理位置使人流的聚集成为可能,本区的文化休闲功能和主题特色使本区和其他地区在功能上有区分,实现差异化战略,并能进行有序的竞争合作。

另外,本街区把以总统府为核心的"历史中心",从休闲生活角度进行延伸,特别是拟建的游客服务中心,客观上为总统府提供了配套设施,解决了总统府就餐难、停车难、门前环境较差的现状。本街区的开发将对玄武区旅游的基础设施进行完善,实现城市风貌的高水准展现。因此,梅园片区除了城市休闲功能以外,也包含了配套服务的功能。

梅园片区以民国文化为核,城市休闲为态,最具特色为目标,打造全国示范街区(见图7.8)。

图7.8 梅园模式

7.4 产品论证

7.4.1 游客服务中心

梅园片区的汉府街车站在近期完成拆迁工程后,另外一个工程也将相应启动。借鉴相关部门的最新方案,建议在此建立一游客服务中心,主要包括游人中心、汉府美食城、停车场等项目。

游人中心主要为游客提供旅游咨询服务,包括景点、住宿、餐饮、购物等方面的咨询;停车场用于解决片区内交通拥挤、停车难这些迫在眉睫的问题,进而改善整个区域的旅游环境;汉府美食城是游客服务中心的核心项目,这一项目将突出民国文化特色,在解决片区餐饮问题的同时与该区的民国主题文化保持一致。

首先,汉府美食城定位的目标市场群为中高端消费者,这有别于以往的大众消费。其次,它的餐饮风格将突出民国特色,建议挖掘、征集民国时期各著名饭店的菜谱,为本地消费者和外地旅游者提供一道"民国大餐"或"民国茶点"。如民国时期盛行于江浙皖一带的喜庆筵席菜、"金陵八大碗"和风行于民国时期的私房菜,都可作为特色餐饮来丰富梅园街区的民国饮食文化;再次,汉府美食城这一片的餐饮既要和"1912"错位经营,也要符合梅园片区的"旧城风貌",因此引入几家较大规模的"百年餐饮老字号",也是合适之举;最后,汉府美食城的建筑形式和风格也以体现民国特色为主,建筑内外部的风格统一,以凸显民国风情为一亮点。

规划拟建的以民国餐饮文化为特色的汉府美食城将在中远期联合以酒吧文化为特色的"1912",作为长江路文化街餐饮整体共同打造出南京最具民国特色、格调时尚的餐饮界精品,这也是扩大梅园片区影响力的有效途径之一。

7.4.2 "钟岚里 1933 新生活运动区"

1933"新生活运动"是 20 世纪 30 年代蒋介石和宋美龄联手发动的旨在重整社会道德与国民精神的一场精神层面的运动。规划在此借这一运动的概念打造钟岚里,旨在取其民国时期的特色文化经当代文化重新审视后作内涵的提升。"钟岚里1933 新生活运动区"策划的目标是打造民国文化与现代氛围和谐的时尚高雅、休闲文化突出的旅游社区。

"钟岚里 1933 新生活运动区"占地面积 6 000 m²,民国建筑 10 000 m²。规划建议钟岚里地块的 15 幢联排民国别墅在置换成功后,可以引进投资进行适当包装,将其打造成具有民国特色并具一定文化风格的"民国怀旧旅馆",这将对社会精英、名流和入境游客产生很大吸引力。内部里弄式住宅可改造为民国博物馆、民国历史文化交流中心等,形成南京民国文化建设的新亮点和典范。此外,"拔牙式"拆除个别质量较差单元,改造为露天茶座、街头艺术广场等。

"钟岚里 1933 新生活运动区"位于居民文化素质较高的城东地区,该地段存在着巨大的文化消费潜力,因此它的目标市场群以追求生活品质、品味高雅的休闲文化消费者为主体。

7.4.3 民国风情步行街

梅园新村路是梅园新村陈列馆东侧的一条小路,周边有不少具有民国建筑风格的小楼和一些纪念性建筑。建议以"修旧如旧"的原则对这些民国建筑进行整修,并在此基础上将其打造成独具特色的民国风情步行街。这样不仅有利于片区整体风貌的保护,也利于充分营造文化、商业环境。

民国风情步行街以购物为特色,因此有必要加大片区旅游商品的开发力度。衡量旅游经济到底拉动了多少消费,一个很重要的指标就是旅游者购买了多少旅游商品。梅园片区实质是民国文化片区,南京市的民国文化在这里得到了很好的体现,因此旅游商品的开发也将成为旅游产品打造的重点,也会成为梅园片区旅游经济的一个重要支撑点。

建议从文化性、地方性着手展示旅游商品属于梅园新村的特色,如具有民国文化特色的纪念章、纪念币、云锦、服装(中山装、女式旗袍等)、绘画、图片、配饰、音像制品、书签、明信片等。民国风情步行街主要是向游客展示这些独具特色的旅游纪念品,在带给游客文化审美的同时拉动了整个片区的旅游消费。

7.4.4 产品组合营销策略

梅园片区旅游产品的组合营销可以从以下 4 个主要方面着手:

一是产品联合营销,即与整个南京市一同打造"南京民国文化游"。梅园片区是民国文化旅游资源的重要片区,在旅游开发中,不能将这个片区割裂于南京市民国文化旅游的总范围,只有同钟山风景区、鼓楼以及下关区相关景点进行资源整合,产品错位与互补,才能得到良性发展。

二是同旅行社的结合。与市内较大型旅行社签订协议,组织梅园片区成为"南京民国文化游"的一个重要节点,作为旅游促销的重要手段。

三是同来宁游客的客源互补。南京既是一个旅游资源丰富的城市,也是旅游资源多元化的城市;不仅仅有最有代表性的单凭借民国文化的旅游资源,还有许多能够吸引游客各种喜好的资源;梅园片区可以作为对钟山风景区良好的分流和补充。

四是网络营销,可同其他旅游网站联合。梅园片区的民国文化要打出品牌,必须利用电子商务手段。可以依托玄武区旅游网、南京市旅游网等南京市的旅游招牌网站,在这些网上设民国文化专栏,也可以创建"南京市民国文化旅游网",推销自己的旅游产品和活动,以聚集人气,吸引游客。

7.5 配套设施

梅园片区目前的配套设施不健全,比如想留人留不住、游客想吃没地方吃。现在片区附近虽有"1912"旅游休闲街区,但主要针对的是市民而非外地游客,且主要集中在晚上消费。有相关统计数据表明,外地游客在南京的平均消费为300元,在杭州的平均消费却高达2 000元。造成这一落差的原因主要与配套设施不足有关。因此片区景点不能把游客的消费局限于景点的消费,还应该包括购物、餐饮等多方面的消费,多重消费环节的配套开发,才能让景区留住游客,拉动经济增长。

如前所述,梅园片区的餐饮将以游客服务中心的汉府美食城为主,辅之以钟岚里的部分休闲餐饮设施;片区内的购物区域集中在民国风情步行街;钟岚里的"民国怀旧旅馆"将填补片区内住宿业的空白;游客服务中心的停车场也是对片区配套设施的适时补充;以社区旅游为特色的"钟岚里1933新生活运动区"将为游客提供一定的娱乐休闲活动场所。所有这些配套设施的建立完善了梅园片区旅游六大要素的综合服务功能。

7.6 管理与服务

先进的管理制度和一流的服务水平是旅游业可持续性发展的有力保障，梅园片区的管理和服务工作也是该区旅游业发展过程中不可忽视的重要环节。从宏观上来讲，玄武区政府要在梅园片区发展中起主导作用，区旅游局要发挥好牵头作用，梅园街道要做好服务工作，协助旅游局、宗教局解决一些具体的问题，这样可以形成三家联合的工作形式，共同推动梅园片区的发展。同时，梅园片区的发展要与周边的景区及时进行沟通，让他们了解片区的工作状态，便于在片区形成联动。

具体措施可从以下两方面实行。

7.6.1 景点联动，线路整合

建议将总统府、梅园新村纪念馆等景点联合"打包"，形成一个整体的景区，这样既便于管理，又利于整体开发。如可让片区内各景点进行协商，实现"一票通"，就能充分发挥总统府在片区的核心作用，通过重要景点在游客中的号召力进而带动其他景点的消费，这样有助于平衡片区内各景点的客源量，实现景点联动，并且促进片区内所有景点的整体营销。

旅游线路通过对民国文化和现代城市文化景点资源的串联进行整合，主要分为总线路和梅园线路（见图7.9、图7.10）。总旅游线路联合区内主要民国文化旅游景点，线路包括：中山陵—人民大会堂—美术馆—总统府—梅园新村纪念馆—毗卢寺—中央博物院，总时长约半天；梅园线路包括："1912"—总统府—汉府美食城（餐饮）—钟岚里（住宿、休闲娱乐）—民国风情步行街—梅园新村纪念馆—毗卢寺，总时长2—3小时。

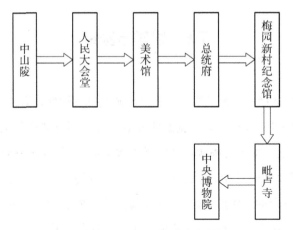

图 7.9　民国文化游总线路

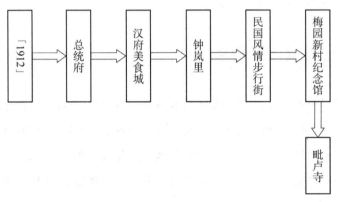

图 7.10　梅园线路

7.6.2　统一经营模式，更好地对外服务

如何使梅园片区的整体旅游效益达到最大化，重点在于提升其软件水平。规划认为在此应统一经营模式，实现整个片区服务人员的标准化、规范化，才能更好地对外服务，赢得旅游社会效益和经济效益的最大化。

在此，统一经营模式具体是指梅园片区内游客服务中心、"钟岚里 1933 新生活运动区"和民国风情步行街三大产品经营模式的统一,即经营权、所有权和管理权的三权分离,管理权交由梅园片区相关职能部门统一执行。建议在梅园片区设立民国文化旅游区管委会,用以组织协调区内各企业健康有序地均衡发展,同时为区内所有企业进行统一的形象宣传工作。

服务人员水平的高低始终是游客能否实现丰富精彩的旅游经历的重要因素之一,因此本章建议对梅园片区所有的服务人员进行统一培训,不仅包括基本的工作职责和技能的培训,还应因地制宜设置基本民国文化知识的培训。对于餐饮、住宿等行业的服务人员将统一着民国特色的服装,如男服务员着中山装,女服务员着爱梅装(也称耐梅装、爱美装,是民国时期妇女最为流行的服装),这样可以让游客在梅园片区随时随地感受民国文化的浓厚氛围。

综上所述,旅游业发展成为梅园片区的支柱产业是必然的。通过旅游产品的深入打造,六大要素综合服务功能的完善,再加上先进的管理制度和一流的服务水平,梅园片区为"休闲玄武"添上了一道亮丽的风景,最终梅园片区将会朝着最具特色的民国文化休闲街区这一目标积极迈进。

(本章为笔者主持的《玄武区旅游发展总体规划》专题研究报告之一,数据主要来自问卷调查和玄武区旅游局。)

第 8 章

旅游定位与城市新区开发

近几年来,我国各个城市几乎都在扩大城市规模,建设城市新区。这是经济发展、社会进步、城市化进程加快的良好表现。然而,在新城区建设中,也出现了无序圈地而造成的土地闲置、设施配套滞后、城市功能不全、缺少人文气息、总体品位不高等一系列问题。浙江省湖州市于 2003 年 1 月新设立吴兴区。吴兴建区后并没有按常规先建设区行政中心等市政建筑,而是由湖州市政府和金洲集团联合投资规划建设了一座以女性文化为主题的大型旅游主题公园,营造环境,聚集人气,以风景旅游开发启动吴兴新区建设,并为此进行了有益的探索,这是我国继深圳华侨城模式后的又一尝试。

8.1 我国新时期的造城运动分析

20 世纪 80 年代,我国城市新区的建设以建立各种积极技术开发区和园区为主要特点。进入 20 世纪 90 年代以来,随着浦东的大规模开发,城市大规模的跨越发展(城市中心区或重要功能区外迁)成为一些城市空间扩展的主要方式。如苏州分别在老城区东西两侧开发建设新加坡工业园和苏州新区;青岛市中心区向东跨越发展;深圳市脱离原罗湖老城区在福田建设新的行政、金融、文化和中央商务区(CBD);大连在离现有城区东北 30 km 的大窑湾建设面向 21 世纪的大连新区;天津在老市区以东辟地 350 km² 建设海滨新区;中山、厦门将城市核心区外迁,形成新区;广州在 20 世纪 80 年代明确城市重心东移,在天河区开发建设新的 CBD,近来又计划大规模开发南沙;杭州市在 20 世纪 90 年代提出跨(钱塘)江发展计划,经多年论证,在近期总体规划调整中已经进一步确立向南跨(钱塘)江发展形成新的 CBD 的跨越发展策略;成都在 1998 年明确地提出向东、向南建立城市副中心的城市发展战略,按照新的规划,城市将向东、向南发展建立两个副中心,规划新城区总面积约为 118 km²;郑州计划在现有市区的东南建一座 150 km²,人口 200 万人的新城,其中包括以 CBD 为中心,约 25 km² 的起步区;2001 年,东莞市城市建设计划采用跨越式发展的模式,跳出老城区,以新建的东莞大道为发展轴线,在 5 年内建成 15 km² 的新区,远期建成 50 km² 的新城区;银川新区从"新街区"到"城市新区",再到"现代化区域性中心城市核心区",新区规划的地域范围也从最初规划占地仅 2.6 km² 的街区拓展到近 60 km² 的城市新区;太原南部新区规划总面积约 210 km²,包括市政中心、高新技术产业开发区、经济技术开发区、教育园区等开发项目。

然而,在新城区建设中,也出现了因无序圈地造成的土地闲置、设施配套滞后、城市功能不全、缺少人文气息、总体品位不高等一系列问题。这些问题制约了城市新区乃至整个城市的可持续发展,有的甚至拖慢了城市发展的速度。总的说来,主要有以下几大问题。

8.1.1 文化缺失

法国一位地理学家曾经这样说过:"城市既是一个景观、一片经济空间、一种人口密度,也是一个生活中心或劳动中心;更具体点说,也可能是一种气氛、一种特征或者一个灵魂。"显然这种气氛、特征或灵魂就是一种城市文化。在长期的社会实践和劳动中,人类建立了自己的生存空间,由于自然条件、历史条件以及经济、文化、风俗等的不同,城市形成了不同的风格和特色。当代我国城市化进程当中,文化建设几乎很少受到重视,尤其是在城市新区的规划中,这个问题尤为严重。很多城市新区完全从功能主义的角度出发,没有一丝人文气息。即使有的城市新区有很好的人文资源,也没有被开发和合理利用。在北京曾有过对城市文化认同度的调查,对不同层次、不同年龄、不同居住地的居民进行访查后的结果显示,他们认为最有感情、最能够体现城市文化区域的地方,几乎全部是几十年甚至上百年以来的旧城的区域。文化是城市或者城市新区的品牌,树立鲜明的文化形象,对于一个城市或者城市新区的可持续发展来说,十分必要。

8.1.2 失地农民的妥善安置与城市化问题

在征地过程当中,失去土地的农民面临着很多现实性的生存问题。首先,征地补偿金的分配是否合理,农民是否全额拿到补偿金,拿到后怎么用? 有些农民一夜之间便得到可观的收入,但没有合理的理财观念,政府也没有进行相关指导。等到这些有限的钱被用完,又没有了赖以生存的土地,他们的未来必定是充满艰辛的。其次,失地农民的安置问题。失地后,部分农民投身到二、三产业,但赋闲在家中的比例也很高。一方面,是农民自身思想和素质的问题;另一方面,也是某些新区配套设施不完善、可提供就业的机会少的缘故。所以,如何转移这部分失地农村剩余劳动力到城市新区就业,是一个值得研究的问题。另外,与城市化的其他进程相比,由于社会身份、职业、文化的跨度,新区农民向市民的转变过程显得更曲折,难度更大。

8.1.3 生态问题

目前,不少城市新区建设中,对环境、资源、生态的充分保护和可持续发展的理念没有得到很好的贯彻,在开发的同时不重视对自然的保护,使得原本很优美的自然环境被破坏。其次,在有些新城建设好之后,由于先前的产业布局、配套设施没有得到很好的规划,导致工业污染、生活废物污染问题凸现。比如在伊朗的德黑兰地区,由于城市扩张过快,城市管理者来不及进行良好的规划,扩张后的德黑兰城市系统中人口、城市化和空间结构的变化对其周边地区产生了巨大的生态影响。

由于德黑兰直接和间接排出的污水,土壤和水资源都受到污染和破坏,城市最南端的地表水及地下水都受到了污染。

8.1.4　人口与就业,产业与功能协调的问题

实现新城自身平衡是一座成熟新城有效发挥特殊功能的关键,但有些新城正是由于无法构筑自身的平衡发展框架,往往在实践中阻碍新城作用的发挥及其可持续发展,主要表现在人口与就业、产业与功能、经济与社会之间的平衡问题。例如伦敦的密尔顿·凯恩斯新城目前拥有两万个就业岗位,大约三分之一的就业人员需要到伦敦上班,三分之一的就业人员从外地进入,未能实现原来设想在城市内部达到居住与就业平衡的目标。如伊朗德黑兰首都地区的 Andisheh 新城,只有 10% 的居民在当地从事建筑业等工作,其他新城居民在首都或其他城市中心工作;在 Hashtgerd 新城,68% 的居民在新城之外工作。在 Andisheh 和 Hashtgerd 新城分别有 76% 和 100% 的居民依靠新城以外的教育、医疗和管理等服务设施,这些新城仅仅扮演着"卧城"的角色。

8.2　可持续背景下的国外城市增长理论

鉴于城市无序扩张带来的各种各样的社会、经济、环境问题,以往的城市发展理论受到了许多学者和专家的抨击,在可持续发展原则背景下,一些新的城市发展理论应运而生。新的理论思潮改变了西方国家城市新区、新城的发展模式,也极大地影响了我国的造城运动。

8.2.1　新城市主义的发展策略

新城市主义主张通过广泛的公众参与,共同支持以下原则:邻里多样化的土地利用与多样化的人口结构;社区除提供汽车使用外,尚需考虑人行道与大众运输工具的使用;城镇不能无止境地扩张,应该有效界定其成长范围,并能方便地使用

各项公共设施；城市应该透过城市设计彰显其独特的历史与生态。

8.2.2 精明增长的发展战略

1997 年，美国马里兰州州长 Glendening 提出了精明增长（smart growth）的概念。其初衷是建立一种使州政府能指导城市开发的手段，并使州政府财政支出对城市发展产生正面的影响。美国规划协会（APA）定义的"精明增长"是指努力控制城市蔓延，规划紧凑型社区，充分发挥已有基础设施的效力，提供更多样化的交通和住房选择。"精明增长"计划有助于实现 6 个目标：①邻里的可居住性；②更良好的可达性，比较少量的出行；③促进城市、郊区和城镇的繁荣；④利益共享；⑤较低的成本和税收；⑥保持开敞空间的开放性。

8.2.3 紧凑城市的发展战略

紧凑城市（compact city）理论的目标是保护环境和生态，促进社会公平。紧凑城市的优点包括保护农村地区，对汽车的较少使用以及随之减少的能耗，支持公共交通、步行和自行车使用，更多地利用公共服务设施和基础设施，复兴内城。

新城市主义、精明增长和紧凑城市都是在可持续发展的背景下，探讨高密度的开发、混合使用的土地利用模式，旨在减少对能源的消耗和资源的浪费，以保护环境和生态，创造适宜人居的环境。

8.3　国内外基于旅游定位的城市新区经典案例

8.3.1　国外成功案例

1. St Quentinen Yvelines 新城

St Quentinen Yvelines 新城位于巴黎市区西南部高地上，即伊夫林省

（Yvelines）。该地区的人文资源和自然资源极为丰富,成为新城建设的最佳资本,主要开发高品质住宅和发展旅游业。同时,重视生态与环保,倡导步行系统,采用公交专用道,推行以新能源（太阳能）为动力的公交车,控制私人汽车的增长。新城一方面接纳巴黎的办公外迁,另一方面吸引大型跨国公司研发中心落户,比如说雷诺汽车研发中心。同时,结合凡尔赛开展休闲旅游业,培育现代服务业（目前服务业人数占到总就业岗位的 70％以上）。

2. Cergy-Pontoise 新城

Cergy-Pontoise 新城位于巴黎市区的西北部,在罗浮宫至拉德方斯的轴线延伸线上。新城建立的主要目的是创建一个既位于巴黎近郊,又能与巴黎的近郊区有所区别的公共艺术文化中心。其产业也以文化创新和旅游度假产业为主,如创建大学城、国际新城规划研究中心等,强化新城的文化和研究性机构特点。新城政府在新城的管理中始终贯彻环境保护的理念,强调“环境是新城的生命线”。由于在新城中心可与巴黎拉德方斯遥遥相望,优美、独特的环境每年都吸引了众多的游客,旅游产业逐渐成为新城的主导产业。

8.3.2　国内成功案例

1. 深圳华侨城

华侨城集团重金聘请了新加坡著名规划师孟大强先生作为深圳华侨城的规划顾问,同时有数百名海内外专家对该规划进行了论证修改,先后十易其稿。该规划十分注重“环境第一”的原则。在这个原则的指导下,“锦绣中华”“世界之窗”等主题公园先后建立起来,取得了意想不到的成功。这个成功的模式被称作“华侨城模式”,实质上就是“旅游＋文化＋地产”的互动开发模式,即旅游开发和产业结合,首先建设混合多种产业互动发展的综合型产业区,然后规划旅游用地、发展旅游主题产业群,再结合产业群、发展相关的主题酒店和商业,同时利用资源配套开发主题产业。

“华侨城模式”主要包括四大要素:第一,坚持“花园中建城市”的科学规划,坚持先规划后建居住区的方针;第二,形成旅游功能和居住功能的混合布局,即建设集旅游、度假、文化教育相关的特色商业以及高档居住为一体的综合社区;第三,建立一套可持续发展的城市体系;第四,对资源系统进行有效的整合。

华侨城的成功给城市新区规划带来了很多宝贵的经验,其中有三点特别有借鉴意义。一是保护自然生态,营造丰富的公共空间。华侨城保留了原有的山丘、小溪、树林等地形地貌,自然景观和人造景观相结合,所有建筑随形就势,并在造型、布局、色彩上同山水自然协调。这样一个花园般的城区,再加上风景优美的园林、一个个构思巧妙的主题公园,形成了一个颇具规模的文化旅游景区,也带来了规模效应。二是突出人文特色。这个人文特色包括两层含义:以人为本和文化旅游。以人为本是指在城区建设方面充分考虑人的活动的需求,创造人性化的空间。另外,华侨城以旅游为载体,将中外优秀文化与旅游相结合,将文化旅游的概念扩充到整个城区,渗透至生活。三是大力发展工业。华侨城形成了以康佳电子公司为首的技术密集型企业群体,并引进国外大公司,成为一些大企业的产品开发中心和销售中心。华侨城集团成为深圳市营业销售超百亿的集团。

2. 西安曲江新区

有"十三朝古都"之称的西安市在城市新区建设中将历史文化与现代文明结合在一起,既对历史文化实现了最好的延续和提升,又使城市面貌发生了巨大的变化,走出了一条传承文化、超越历史、连接现实的城市建设新路。西安市委、市政府经过充分论证,认为西安傲立于世界都市之林的最大依托就是其丰厚的文化资源和保存完整的古都风貌,要把西安建设成现代化的国际性大都市,最好的办法就是将历史文化与现代风采完美结合,挖掘西安特有的历史文化,充分张扬、展示古都在新时代的文化魅力。2002年以来,曲江新区在对区内文化资源整合的前提下,提出了"文化立区,旅游兴区"的发展战略。根据西安在中国历史上的地位,以及曲江在西安的地位,把曲江的文化定位为突出唐代鼎盛文化和中国传统优秀文化,把城市建设定位成为中华文化的复兴提供现实的承载空间。近些年来,曲江新区依托区内丰富的旅游文化资源,不断扩大投资,演绎盛唐气象,张扬城市精神,建设了大雁塔北广场、大唐芙蓉园、西安海洋馆等一批重大旅游项目。

曲江新区的开发借鉴了深圳华侨城建设的成功经验,采用了旅游驱动地产的开发模式。从新区的初始建设开始,便走了一条"以游招商""以地招商""以商招智"的创新之路,首先不断加大曲江地区的基础设施建设力度,其次建成并开放亚洲最大的唐文化音乐喷泉广场——大雁塔北广场,一开放便达到日均3万人次的旅游人潮,为曲江带来巨大的人气和商机,大大提高了西安曲江的知名度,成为世人瞩目的焦点。在旅游业蓬勃的发展势头带动下,区域板块受到社会关注的程度不断升高,其周边的土地出现快速升值,曲江成为西安乃至西北发展最快的城市新区,受到资本市场的青睐和追捧。

曲江新区的成功在于形成了一个文化产业群。文化产业是一个产业末端的消费产业,30个文化项目基本上都处在产业链的消费节点上,呈现出市场聚集性和产品多元化的特点,既有直接消费的产品,又有可移动的消费产品,满足了文化消费的多元化要求。同时,在消费链的上游,还有众多拉动性项目(会展业、文化交流及研究、环境保护)持续作用,构成曲江文化产业可持续发展的产业格局。另外,文化产业属于城市产业的高级形态,对城市功能的提升和城市形象的改善以及对城市经济社会的拉动都有显著的作用。30个文化项目的聚集所引发的市场聚集效应,会进一步扩大曲江新区的经济辐射能力,在客源、信息、劳动力、区域合作方面给城市创造更多更大发展的机会。

8.4 旅游对城市经济、文化、社会发展所产生的影响

8.4.1 旅游对城市社会、文化的影响

发展旅游业有利于增进国际交流,拓宽世界视野。发展旅游业有利于城市与世界各国之间的联系,推进科技文化交流,促进各国间的经济合作。尤其是国际会议旅游、商务旅游等,都可以成为各国之间的政治、经济、文化合作的媒介,交流各种经济信息。通过旅游业这种软环境的发展,可以克服各国意识形态之间的障碍,增进人民之间的相互了解和友谊,促进世界经济一体化和区域经济的集团化。旅游在科学技术和文化交流方面,对社会是很有利的,可以帮助人们了解最新的成就,有力地促进了社会进步。在特定情况下,通过这一途径,甚至推动了国家之间

的外交关系。中美、中日外交关系的建立,都曾借助于文化交流。"乒乓外交"被传为外交界的佳话。中国20世纪70年代末期发展旅游之初,非常看重的即是旅游业所带来的科学技术和文化信息。

旅游对城市居民的态度、社会行为有极大的影响。旅游会促进城市居民对其他民族语言的学习。伴随着语言学习,对象国家或地区的各种文化也必然随之而传播。此种影响可能较语言学习的影响更深刻、更广泛。旅游者的喜爱会激发民族自豪感,使人们更珍视本民族的文化遗产,热爱自己的国家和乡土,努力创造文明的社会环境,大力完善基础设施,加强对文物古迹的保护,促进民族手工艺等的继承和开拓。新加坡社会状况之良好举世闻名,基本动力之一即是为了树立其旅游形象。在思想意识方面,同外界交往的扩大,可以有效地克服民族主义、地方主义,扩大人们的视野和开阔心胸。

旅游推动城市新区环境的建设。旅游业对环境的要求很高,优美的城市环境、舒适的生活空间、配套的服务设施都是城市旅游发展所必需的条件。所以说,大力发展旅游业,对推动城市朝"以人为本"的人居环境方向发展,有着重大的意义。

旅游对打造城市品牌有着积极的作用。旅游业带来了大量的外地客流,加强了城市与外界的交流,对城市知名度的提高和形象的塑造都具有积极的意义。它常常可以使原本默默无闻的偏远落后地区闻名遐迩,随之会引来大量投资者和科学技术人才,并扩大对外交往,从而改变整个地区的面貌。所以现今许多地区都将旅游业定为"龙头产业""先行产业"。此种间接效益甚至会远远大于直接经济效益。故有些地方虽然举办的一些旅游活动并没有多少收益,甚至亏损,却仍然照办不误。北京延庆、山东潍坊、河北吴桥、广东白藤湖等,都是旅游全面带动地方经济的成功例子。

8.4.2 旅游对城市经济的影响

根据凯恩斯"乘数原理":在一定的消费倾向下,新增加的收入可以导致新的投入和就业机会的多倍增加。其计算公式为:

$$M \doteq 1/(1-mpc) \tag{8.1}$$

其中，M 表示乘数；mpc 表示边际消费倾向（即所增加收入中被重新花费的比例）。M 的值因地点和时间不同而不同，一般在 $5\sim7$，即旅游业每收入 1 元，其综合经济效益达 $5\sim7$ 元。

旅游业的增长会促使外汇和税收收入的增长，并平衡国际收支，所以旅游外汇收入是非贸易收入的重要组成部分，接待入境游客也如同出口商品一样，被称为旅游出口。在非贸易创汇中，旅游业往往比其他产业具有明显的优势。

旅游业还会带动和促进有关行业的发展，优化国民经济产业结构及三产的内部结构。旅游业不仅仅是一个产业，更像是一个影响许多产业的"部门"，现在的国民经济部门都不同程度地与旅游有着联系和影响，尤其会促进电讯、商业、饮食服务业、金融、保险以及文教卫生等其他第三产业部门的发展。法国旅游业协会主席菲利普·邦贝尔热在 20 世纪 80 年代即曾披露：43％的旅馆、咖啡馆和饭店的收益同旅游业有直接关系，42％的航空运输、23％的铁路运输、12％的汽车运输、8％的农业、6％的建筑业的收益同旅游业有关。而今因旅游业发展速度高于大多数产业，其在相关产业中的作用更大。

旅游业可以增加社会就业，稳定社会发展。旅游业是一个综合性经济产业，也是现代服务业的重要组成部分。旅游业是劳动密集型产业，大部分的服务项目都需要人力资源的支持。并且旅游业也是一种跨行业、跨地域的现代系统经济，综合性、整体性都很强。旅游业的发展可以增加区域内的人流、物流、资金和信息流的流动，因此能提供大量的就业机会。根据加拿大学者的系统模型理论，旅游业收入每增加 3 万美元，就将增加 1 个直接就业机会和 2.5 个间接就业机会。世界旅游组织的研究报告也指出，旅游业每增加一个从业人员，相关行业就增加 5 个就业机会。

旅游业可以为引进外来资金创造良好的投资环境。发展中国家或欠发达地区的原有基础设施比较落后，娱乐场所很少，这会使投资者感到不便。旅游业的发展可有力促进国际标准的基础设施、便捷的交通、流畅的信息道路、方便的生活条件、优美的城市环境、高品质的公共服务水平的建设和完善。所以，许多国家或地区都非常注重利用发展旅游业的机会改善投资环境,促进对外开放。城市旅游环境的改善引来了建设资金,促进了资源的综合利用,加快了对外开放步伐。

8.5 案例:"东方好园"和睢宁九镜湖生态文化园

8.5.1 浙江湖州"东方好园"

1. 基础分析

1) 基地分析

东方好园基地位于湖州——织里带状组团型城市中心、太湖——南部水网平原生态走廊中的重要通道上,紧临新设立的吴兴区行政中心。基地周边均为城市道路。湖州地处浙江省北部,东邻上海,南接杭州,北濒太湖,是苏浙皖交会之地,因濒临太湖而得名。现辖德清、长兴、安吉三县和城区、南浔、菱湖三区,总面积 5 820 km² ,人口 267 万,东部为水乡平原,西部以山地、丘陵为主,俗称"五山一水四分田"。湖州素以"丝绸之府、鱼米之乡、文物之邦"著称,历史上是富庶之地。

2) 区位环境条件

本项目地处华东旅游大三角(上海、杭州、南京)和太湖旅游小三角(苏州、无锡、湖州)的结点上,这两个三角是全国开放型经济最繁荣、市场最活跃、旅游资源最丰富的地区之一。而且江浙沪区域的旅游出游水平大大高于全国的平均出游水平,据专家预测,人口稠密的江浙沪区域今后几年的居民年出游量将持续超过 1 亿人次以上。2002 年,两个三角地区的城市接待入境游客 500 多万人次,杭州、无锡、苏州的国内游客年接待量都在 1 500 万人次以上,湖州全市接待国内游客 740 万人次,为本项目开拓国内外客源市场提供了非常有利的环境条件。

3) 客源市场分析

据美国华盛顿的城市土地研究所的研究,一个大型主题公园的一级客源市场(80 km 或 1 h 汽车距离内)至少需要有 200 万人口,二级客源市场(240 km 或 3 h 汽车距离内)也要有 200 万人口以上,之外的三级客源市场虽也有帮助,但不能过分依赖。本地、本国回头客是主题公园主要客源。

根据东方好园的主题及上述分析,湖州东方好园应把目标客源依次确定为以下几个方面:青少年女性、职业妇女、家庭主妇、有女性子女的家庭、对女性文化感兴趣的其他公众。

2. 规划要点

1) 市场(主题)定位

东方好园的一大创意是,要在公园内通过多种展示形式、表演形式及参与活动的形式,让参观者了解中外杰出女性所创造的辉煌成就。为此,我们在设计该公园时,遵循高格调、高文化、高传播性的思路,以便为未来的经营和宣传活动留下必需的空间和场所。同时,还应高度重视公园对游客的娱乐化教育功能,聘请女性社会学专家,就青少年女性的社会化及其发展、职业妇女的成功之道、家庭主妇的保健知识和持家能力等方面进行全面的策划与包装。在社会上树立东方好园作为一个女性娱乐化教育乐园的良好形象,为女性的发展做出贡献,并以此去争取国家有关方面的大力支持。因此,东方好园的市场定位应确定为女性的娱乐教育乐园。通过展示世界杰出妇女事迹和女性文化这一主题,力求成为中华全国妇女联合会的活动基地,吸引各类全国性和国际性妇女会议,利用本景区的特有条件,策划各种各样与女性有关的文化艺术展演、经济技术交流、节庆婚典等活动,以其鲜明的特色和名人效应,产生巨大的吸引力和凝聚力。

2) 建设目标

(1) 景区性质。根据以上基础分析,拟把东方好园定格为"以女性文化为主题,集度假、休闲、游乐、会议、观光、教育、购物、居住等为一体的滨水型综合性旅游区"。

(2) 发展目标。旅游主题公园投资规模大,占地范围广。"大投入、大制作",营造出旅游主题公园的大规模,同时也营造出了旅游主题公园的财务压力和经营风险。东方好园虽然没必要攀比,但应当以建设中国最大的女性文化专题公园为目标。通过5年左右的努力,把东方好园建设成为中国最大的女性文化专题公园、省级风景名胜区和国家 AAAAA 级旅游景区;成为 2010 年上海世博会的配套项目,国内外妇女会议和经济文化活动的交流中心之一。

3）产品策略

我国的主题公园大体上可以分为 3 类型：景观观赏型（如 1989 年开业的锦绣
中华）、表演欣赏型（如 1991 年 5 月开业的唐城，1991 年 10 月开业的中国民俗文化
村）、主体参与型（如 1997 年 2 月开业的苏州乐园、欢乐谷）。产品开发沿着静态景
观模式—动态表演模式—活动参与模式的路径发展。在中国主题公园发展过程
中，认为"娱乐第一、追逐新奇、渴望参与"三大需求要素构成了现代主题公园最重
要的市场价值取向。许多成功的旅游主题公园突破了传统园林形态的景观造园理
念，形成了以主题为线索，以满足游乐需求为目标的新造园理念。许多成功的旅游
主题公园是融自然造景、历史建筑、文化艺术和休闲娱乐为一体的综合型新园林或
非园林化景区，使人们走出了"小桥流水""曲径通幽"传统园林的"诗情画意"，走进
了求新、求奇、求知、求趣的"主题娱乐环境"。因此，东方好园的产品策略应以景观
为基础，以表演造氛围，以活动造气势。

4）总体构思

按国家标准《风景名胜区规划规范》和《旅游景区质量等级评定管理办法》的
5A 级标准进行高品位设计，精致化建设，个性化、人性化、全方位服务。通过国家
级的东方好园的建设和营销，使湖州成为华东旅游线上的必游之地、全国旅游热点
城市和有较大影响的国际旅游目的地。

主题内容虽然定位为女性的娱乐教育乐园，但在具体安排上，贯彻"女性为主，
男女同乐"的原则。在用维纳斯文化广场、世界妇女论坛（会展中心）、美人鱼港、女
子学院和国际妇女村等核心景点充分表现主题的前提下，布置男女皆宜的活动项
目，使景区达到"男女和谐，天道自然"的效果。

考虑像上海这样的现代都市游客的度假旅游心理要求，本规划采用"生态旅游
规划思想"，即在保护西山漾和西山原生态的前提下，大量营造风景林和复合型景
观植物群，保护湿地水体和生物多样性，从总体风貌看，人工景点只是点缀，不能让
建筑、游乐机械充斥（塞满）场地，在保护的前提下进行旅游开发。正确处理资源开
发与保护的关系，维护和培育良好的生态环境，走可持续发展的道路。

在表现手法上，以维纳斯（Venus）文化广场（室外雕塑展）、会展中心（室内史料
展）、狄安娜风情园（室内外场景展）等核心景区来展示世界杰出妇女的事迹。通过

动静结合,宾主互动,观赏、表演、参与的有机组织,使游客在参观的同时,又能参与。通过处理好本项目的主题要求与市场需求的关系,以及空间形态和景观环境力求生态性、参与性、艺术性、独创性和地方文化的结合性,使这项目成为富有吸引力的旅游精品。

总体风格:本规划总体形式上采用欧陆风格,并在山顶上规划建设欧罗巴神庙,作为竖向景观标志。这一做法是基于以下考虑:①客以国内游客为主;②周边景区都是以江南地方风格为主,特别是临近的南浔、乌镇,已被列入世界文化遗产;③当地现状、无地方民居等值得保护和利用的建筑。因此,本项目开发时选择欧陆风格,与周边旅游景区互补,是差异化发展、错位竞争的战略选择。

精心安排旅游要素,全力打造充满绿色和爱意的欢乐世界。

食:宾馆宴会、美人鱼港旅游餐、国际妇女村风味餐、自助烧烤、东方好园流动快餐(提供简便速食快餐,热狗、可乐、汉堡、薯条可带走,边吃边玩,既方便又省时)。

住:宾馆、木屋、帐篷、异国风情居、度假别墅。

行:内部交通、特色交通、生态交通;陆上、水上交通。

游:园内各大景点(区),为游客提供丰富多彩的观光、表演、参与系列游园活动。

购:购物街,手工艺坊自做自购。

娱:白天欢乐世界,晚上不夜之城。

在会展中心或女子学院设立"国际名人讲坛",定期聘请世界杰出妇女来此演讲;在维纳斯文化广场或国际妇女村的世界表演广场策划世界名人婚礼或结婚纪念日庆典活动,以此提升东方好园的国际知名度。

风景林培育与改造:大量植树造林,形成乔、灌、草自然搭配的有机复合林,建构绿色基调,最大限度地提高绿量,以在有限的城市用地上发挥最大的生态效益。对西山现有的风景林进行改造,增加色叶树种,注重植物季相,强化自然节律变化,丰富植被景观。

盈利模式构思:主办方(湖州东方好园开发建设有限公司)扮演旅游景观地产商或/和旅游开发商的角色。规划设计以"西山漾"水体资源的保护与开发利用为依托,提升水体周边区域的环境品质和土地价值,使"西山漾"这一未被充分挖掘认识、接近原生态的珍贵城市资源成为景区的一个亮点,并成为湖景别墅的景观展示平台。为"傍湖之洲"营造出一处自然与人文交相辉映的湖景佳构,并以此提升湖景别墅房地产的品质和周边地价。盈利来源主要是:房地产、主题公园、宾馆、女子学院、会展中心。由于教育是目前快速发展的高效益产业,所以建议可以做大女子学院,设立特色科目,发展毕业生供不应求的职业技术学院,甚至可以招收留学生。

5)用地布局与空间组织

根据以体现女子文化、生态环境为主的综合景区的性质和基地场所特定的地脉条件,综合平衡生态、景观、游憩、教育四大主导功能,规划空间结构为:两心、多轴、一环、五大功能区。

"两心":即东方好园文化区、东方好园风情区(国际妇女村)。

"多轴":以东方好园文化区西山为轴心,形成多条视觉通廊。

"一环":环西山漾周边形或环形生态走廊。

"五大功能区":即东方好园文化区、狄安娜风情园(国际妇女村)、巴克斯乐园、阿波罗度假村、"都市桃源"湖景别墅区。

6)景观规划

(1)布局。题材的国际性带来景观的多样化,容易杂乱无章。本规划把多样化的景区景点有机统一在绿色中和希腊神话里,统一在环湖景观大道的景观序列中。

(2)风格。总体上是自然山水园,局部景区(阿波罗度假村)用几何规则式布局。

(3)特色。主题鲜明,分区清楚,因水成景,山水相依,动静结合,中西合璧,和谐自然。

(4)措施:①保护整个景区的原生态环境和生物多样性;②保护好完整的湿地景观(包括河、湖、浅滩、沼泽地等)和山地森林景观;③建筑和其他构筑物的体量、高度、色彩、形状、风格必须与周围环境协调;④有的娱乐、服务和公用设施必须生态化,符合环保要求;⑤充分使用新材料、新技术,展示、表现形式多种多样;⑥对区内的标志系列、标准色、标准字体、用品等统一进行艺术设计。

8.5.2　江苏徐州睢宁九镜湖生态文化园

九镜湖生态文化园位于睢宁县城东北部,西起环东路,东至西渭河东约200 m,北从北环路,南至城北河临近徐宁高速公路,与睢宁县的商业区和生活区都在5 min的车程之内,规划总面积36.21 hm²。

1. 资源特色

1) 两汉文化

汉画像石被誉为"汉代一绝"。睢宁汉画像石是全国四大汉画像石出土地之一的徐州汉画像石的主要组成部分。至目前,睢宁境内已出土汉画像80多块。其中,睢宁双沟镇出土的《牛耕图》被中国历史博物馆收藏,并将此图印在博物馆的门票上。汉画像石丰富的内容,精美的雕刻,无论在历史研究还是在艺术领域,都是弥足珍贵的艺术瑰宝。可以认为,睢宁汉文化主要是通过汉画像石来体现的。

2) 民间艺术文化

睢宁县儿童画起源于1958年,到目前为止,全县有数以万计的儿童画被选送到美、法、日、德等70多个国家和我国港、澳、台地区展出,获各类奖项上千个,其中金牌200多枚。在联合国的大厅里就悬挂着4幅睢宁儿童画。这些作品中有12幅入选国家和省编美术教材,3幅被以年历形式出版,5幅入选中国对外文化交流中心出版的《中国儿童世界获奖作品精选》一书,并6次应邀在中国美术馆、中国历史博物馆等展馆展出。国家级出版社还先后结集出版了《睢宁儿童画选》等3个专集。睢宁也因此被称为"儿童画之乡",这是我国唯一一个被文化部正式命名的以县级为单位的"儿童画之乡"。

3) 宗教文化

睢宁是中国佛教文化的最早传播地之一,也是道教文化的重要场所,20世纪开始更是基督教文化的集中地,所以说睢宁的宗教文化遗存相当丰富。其中东汉末年临淮(即下邳人)严佛调,是汉地第一位出家的僧侣,著有《沙弥十慧章句》,为第一部汉僧写的佛教著作。

4）自然田园风光

以九镜湖以及环湖田园风光带为主要景观实体。九镜湖为人工湖,水质优良,湖面开阔。湖区周围生态环境良好,民风淳朴,田园风光独具一格,适合开展农业休闲旅游。

2. 规划原则

1）自然生态与文化生态相结合原则

九镜湖生态文化园总体规划将遵循自然生态与文化生态相结合的原则,在整体建设风格上保持自然,尽量减少浓烈的人工气息。其次,在整体风格自然式的基础上坚持生态原则,保持生态文化园的环境不被人为地破坏。

2）文化提升形象原则

徐州汉画像石馆共收藏汉画像石近千块,其数量和价值居全国之首,被专家称为集中反映汉代政治、经济、文化的"博物馆",而这些汉石像有很多都是出土于睢宁。九镜湖生态文化园将充分利用睢宁县具有深厚汉文化底蕴的优势,以汉文化作为本区的主题文化进行展现,同时通过汉文化的宣传来提高九镜湖生态文化园的知名度。

3. 功能定位

九镜湖生态文化园是以两汉文化为主线,以自然为整体风格,以生态旅游为开发理念,融文化休闲、自然生态、教育娱乐为一体的城市休闲区。

4. 规划目标

以生态环境为基础,通过科学的规划和具有强吸引力的文化旅游产品的开发,最终把九镜湖生态文化园建成在国内有一定影响的,在苏北地区具有较大影响的,能够较真实地反映两汉时期文化风貌、宗教、道德文化以及睢宁秀丽自然田园风光的独特精致、和谐统一的生态文化园。

5. 规划思路

本次规划将充分利用九镜湖及其周围的资源条件,在环湖区,以文化为主线（两汉文化和宗教文化）,打造文化旅游产品,以自然生态资源为基础打造生态观光旅游产品。同时依托浓厚的文化资源和优美的自然条件开展度假旅游产品系列。

具体而言,在尽可能大地扩大九镜湖水面的前提下,九镜湖生态文化园的整个规划都将围绕九镜湖开展。九镜湖现有的水面不大,规划将扩大九镜湖的水域面积,估计扩大后的水域将达到 10 hm² 左右;贯穿九镜湖南北的中轴线将以文化展示为主,其中北岸以两汉文化为主要展现对象,南岸以佛教文化为主要展现对象。

睢宁是"国际儿童画之乡",这一资源条件可以做成睢宁独有的文化品牌。规划将在九镜湖生态文化园中把儿童画品牌做出来,通过国际儿童画展示来扩大九镜湖生态文化园的知名度。因为有浓厚的文化底蕴和优美的自然环境,九镜湖自然成了休闲度假的好场所。规划将利用这种自然文化的综合优势打造生态度假旅游产品。

纵观整个生态园,文化是隐含于整个生态园的主线,自然则是衔接各个主题的外在显现。本次规划将本着自然生态与文化生态相结合的原则,文化类景点和自然景观和谐统一。以睢宁历史文化资源构成几大景点,分别为汉文化博物馆、佛教文化园、九镜塔、季子挂剑亭、巨山、葛洪炼丹处、白门楼、圯桥等,均代表着睢宁的悠久历史积淀和文化氛围。在各个文化景点之间以自然景观连接成串,以大面积的生态观光果园、观赏花草树林等作为不同主题区间的缓冲带,既可以起到美化各个景点的作用,同时也将成为九镜湖生态文化园内一个独具特色的自然景观带。

6. 空间布局

睢宁九镜湖生态文化园自然景观与人文景观相互融合,彼此不分,形成一个中心两个环形的景观结构。重点突出生态与和谐。

规划尽可能地保留更大面积的水体。空间上以九镜湖湖水构成内环的蓝色纽带,将汉文化博物馆、佛教文化园和国际儿童绘画创作展示长廊 3 个分区连成一体。三者皆临水而建,隔湖相望。同时,在陆上,即外环,三者又是以生态观光林、生态果园等形式连接构成绿色纽带,突出自然,突出生态。

在布局上,文化园内南面为主入口,进入主入口九镜湖便一览无余,北端半岛为佛教文化园区,即浮屠寺。三面环水,风景秀丽,适合清净修行。在文化园西北角是睢宁汉文化博物馆,濒临九镜湖。西南角为国际儿童绘画创作展示长廊,延伸入九镜湖,适合开展青少年教育活动。点缀在其中的是各式生态观光果园,供游人采摘品尝,体验和享受农耕之乐。

7. 景观设计与产品策划

1)自然景观旅游产品

(1)水天一色滨水舞台。该区域位于主入口区。游客在进入主入口后便可领略到景区的万千气象。中轴线两旁绿树相拥,层次鲜明,前方圆弧形观景台视野开阔,九镜湖扑面而来,令游人神清气爽,更有邻水观景木栈道,漫步其中,微风拂面,远处景观映入眼帘,给人以惬意之感。

(2)芳草伊甸园或草甸花谷(疏林草甸)。此处为视野开阔、繁花似锦的场地,在大面积草地上点植少量的大树以增加视觉效果。内容适用大乔木、冷地型草地(混播)及各类花灌木地被。随着季节的变化,园内颜色也将随之改变。

(3)休闲廊架通道彩叶林。该区域位于汉文化博物馆两侧,为一道亮丽的风景线,在分隔博物馆与绿地的同时,提供了更为丰富的色彩,在不同季节选择不同色彩的植物配置。漫步廊架下,清爽幽静,两边五彩缤纷,梦幻一般,给人以无上的感官冲击,沁人心脾。

(4)涟漪泓池(水生湿地林)。生态、动人水面及滨水将是绿地、树林环绕中最能吸引游人的景观。采用水生和耐湿的植物或非水生植物作为构景主体。湖面微波荡漾,各种水生植物接天映日,别出心裁。

(5)跳动的空间(儿童绘画创作展示长廊)。流线型充满梦幻的景观通道设计代表了儿童天真活泼、可爱好动的性格,也代表着睢宁儿童画不断创新的精神,高低植物的相互呼应加以各类花灌木的点缀可以最大限度地满足视觉上的享受,儿童的欢笑和植物的幽香将始终回荡在这条充满憧憬的小路上。

(6)生态观光果园。在果园内种植大面积的经济观光果树,无公害、绿色环保,体现生态休闲,便于游人驻足观赏和亲手采摘,让游客真实体验农家的热情好客,品尝果蔬;充满田园野趣和自然风情,以景观的形式设置观光果园,既具经济价值又有生态价值。

2)文化景观旅游产品

(1)汉文化博物馆。在九镜湖北侧的汉文化博物馆,主要是展示睢宁悠久的历史文化,博物馆以展示在睢宁出土的汉画像石等文物遗迹,重点突出睢宁的两汉文化,打造徐州、苏北甚至全国的汉画像石之乡,以便人们更好地认识汉画像石,在保护基础上合理发掘、开发和利用。此外属于同类型的附属景点主要有圯桥(张良进履桥)。

(2) 佛教文化园区(浮屠寺)。规划为佛教文化园区,复建汉代风格的浮屠寺、九镜塔等主体建筑。浮屠寺和九镜塔是东汉末年所建,是中国最早建立的佛寺和佛塔之一。园区以弘扬佛法,宣传佛教知识为主旨。佛教在睢宁的影响历史悠久,有汉地第一位出家的僧侣严佛调,在这里修建佛教文化园,为睢宁的宗教事业添加重要的一笔。既能吸引周边的信徒、游客前来朝拜、旅游观光,同时浮屠寺营造了与九镜湖周边保持一致、协调的环境,突出了祥和宁静的特点。

除此之外,其他几处为小型文化类景点,代表着睢宁各个时代的文化、历史。主要有季札挂剑亭、巨山(葛洪炼丹处)、圯桥(张良进履桥)、白门楼等。皆依水而建,风景秀美,人文自然交相辉映,既可开展爱国主义、道德教育,又可方便市民游客开展休闲娱乐活动,陶冶情操。

8.5.3 项目效应

1. 可以整体提升新区的竞争力

城市作为人类文明的最大集成,其发生发展出现了根本性的变革。过去,我们称呼一座城市总是与其工业特征相关联,如"渔港""煤城""钢铁城",而现在人们认知城市的要点则变成"生活质量"问题,如"花园城市""休闲之都"等,关注城市整体可以提供的新的价值。规模化、标准化工业大生产驱动经济的城市发展模式从整体上来看已经弱化,在消费经济时代,城市本身及其文化表征已成为一种可以生产并可以交换的商品。宏观调控下,城市必须"营销"自己,通过竞争获取可持续发展的资源,旅游便成为城市竞争胜出的重要标准,是城市发展的核心推动力之一。因此,在这个后现代社会里,吴兴区和睢宁的开发让旅游景区先行是明智之举。新区建设必须让"城市"本身成为具有竞争力的吸引物,旅游定位通过与其他定位协同形成最大的动力,可以使城市新区赢得更好发展。

2. 实现城市价值的重要性

旅游市场对于城市价值实现具有重要意义。早在 1990 年,美国旅行数据中心(U. S. Travel Data Center)就曾经做过估计测算,认为每个美国社区每天平均吸引的游客数量为 100 名,他们可以形成 67 个新的工作机会,在零售和服务业等领域最终总共可以产生 280 万美元的销售额,并为州和地方的销售税收增加 18.9 万美元。

城市旅游业的发展对于解决城市发展过程中的诸多问题都有比较明显的推动,这种经济上的积极意义也正是各个城市热心旅游开发的关键所在。首先,旅游市场对于就业的吸纳力较高、门槛较低、方式较灵活,其直接就业部门包括饭店、餐馆、景区、交通、中介等,并间接带动了生产和服务业的发展,提供了后续的就业机会,这对妥善安置失地农民意义重大;其次,旅游收入可以在国民经济发展过程中形成乘数效应,从而放大其经济的影响,对此已经有较多的数理模型予以解释;再次,旅游发展可以形成较多的税收,减轻政府的财政负担;最后,旅游市场包括了对商旅客人的吸引,其对城市环境整体优化开发的过程有利于增强投资者的信心,并通过整体吸引力的增强,进一步壮大地方产品的吸引力,对已经存在的工厂企业发展具有积极的推动作用。

第 9 章

我国主题公园建设存在问题及发展对策

9.1 我国主题公园的建设现状和存在问题

旅游主题公园(tourism theme park)是为了满足旅游者多样化休闲娱乐需求和选择而建造的一种具有创意性游园线索和策划性活动方式的现代旅游目的地形态。20世纪80年代,我国主题公园经历从无到有的过程,自"锦绣中华"开业起,主题公园开始风靡全国各地,从此形成了一浪高过一浪的旅游主题公园建设热潮。目前国内的各种人造旅游景区达2500多座,其中规模较大同时能容纳1000人以上的主题公园有1000多个。从微观上说,中国主题公园数量虽不算很多,但品种已很齐全。从宏观上看,我国已形成以深圳、上海、无锡和北京为中心的主题公园群落,在中西部的西安、成都、武汉、长沙等大中城市,也已涌现出一批这种大型人造景观。2001年,国家AAAA级主题公园有21个。我国主题公园的数量和空间分布格局,与各地经济与旅游业的发展水平,以及中外游客的走向和消费水平基本吻合。

主题公园的建设促进了一个地区旅游业的发展,产生了巨大的社会效应并创造出可观的经济效益,就我国而言,成功的典型当数深圳的"三园"("锦绣中华""世界之窗""中华民俗村")和无锡的"三城"("唐城""三国城""欧洲城")。诚然我国的一部分主题公园获得了成功,取得了令人可喜的佳绩,但总的来说,我国的主题公园仍然存在很多问题。

9.1.1 主题雷同,重复建设

主题是主题公园的灵魂,是主题公园经营成败的关键所在,主题公园如果不具有鲜明的主题,就不可能招徕顾客,也必然会丧失生命力。但很可惜的是,中国主题公园中主题重复、缺乏个性者甚多。就拿以"民俗风情"为主题的模拟景观为例,从 1991 年深圳"中国民俗文化村"开业以来,全国各地建起的民俗文化村有 17 个,民族文化村有 12 个,文化风情园有 19 个。就北京一个城市即建有 6 个民俗村。中国部分主题公园在主题方面,缺乏认真的市场分析和真正的创意,盲目追风,为建造景观而建造景观,结果造成财力、人力、物力及土地的浪费。

9.1.2 建设贪大求多,盲目投资,脱离现实

早期主题公园的成功,使大多数后来的投资经营者简单地认为只要建起大型的主题公园就必定会盈利。他们盲目跟风,大建主题公园,造成人力、物力、财力的大大浪费,主题公园出现供大于求的现象。就全国而言,投资规模超过 1 亿元的主题公园有 142 个,其中超过 10 亿元的有 29 个。投资规模最大的是从化区中国历史城,拟投资额达到 100 亿元。旅游主题公园拥有量最多的是广东省,有 53 个;其次是江苏省,有 43 个。

9.1.3 一些主题公园建设对自然环境和自然资源破坏严重

一些主题公园特别是大型主题公园,建造过程中占用大量土地及大量耕地,同

时，在景区内大兴土木，采石、破坏植被现象相当严重，许多名贵树种惨遭砍伐，在漫长的地质时期中形成的地貌自然景观也毁于一旦。公园建成开业之后，公园景区面积与建筑体积相对比较小，更容易遭受人为破坏，加上游客密集度高，有的游客素质差，有乱丢乱扔的习惯。特别是一到节假日，海内外游客从四面八方蜂拥而至，对管理造成很大的压力。管理不善，园内垃圾来不及清理，公园的环境必然会遭到严重破坏。

我国主题公园存在的问题还远不止这些，还有如：现实客源市场和潜在客源市场的本地化倾向、主题公园的经营管理分散、人力资源短缺等。总之，我国主题公园现状不容乐观，全国主题公园亏损的占70%，盈利的只有10%左右，许多主题公园惨淡经营，艰难度日，约有2/3景点难以收回投资，所以，投资主题公园的投资人是在"与风险握手"。总的来说，我国主题公园的开发和建设仍处在初级阶段。

9.2 我国主题公园建设存在问题的原因分析

我国主题公园之所以会存在那么多问题，原因主要有以下几点。

9.2.1 主题公园所在地区的经济发展水平和客源保证度较低

区域经济发展水平在两方面影响主题公园的发展，一方面是投资规模，另一方面是企业行为的主题公园开发必须选在区域经济比较发达的地方。目前，主题公园较成功的集中在广东省和江苏省，广东省和江苏省的国民生产总值和人均国民生产总值都位于全国前列。

区域经济的发展水平还影响着居民的收入和消费能力。深圳在1993年的人均年收入为7 947人民币，人均城乡居民年底储蓄余额为1.99万元。游客消费能力的大小直接关系到主题公园的经济利益，1993年深圳中国民俗文化村营业收入为15 384万元。

主题公园要求选址在经济发达、流动人口多的大城市，以保证有良好的客源市场条件。据美国华盛顿的城市土地研究所的研究，一个大型主题公园的一级客源市场至少需要有 200 万人口，二级客源市场也要有 200 万人口以上，之外的三级客源市场的帮助较少，不能过分依赖。因此要想成功进行市场定位，首先必须充分把握一、二级市场的需求特点和旅游产品竞争状况，特别是一级市场，从而选择优势产品进行市场定位。再进一步根据不同类型的主题公园产品，选择合适的目标市场进行开发研究。

9.2.2　没有科学合理的市场预测，缺乏详细的可行性分析

有一部分主题公园没有进行或很少进行可行性研究，即使进行了研究，也是浮于表面的、不彻底的，或者只是乐观地用成功的经营业绩做简单类比，而没有全面分析成功主题公园的成功因素和条件，没有分析自己所在的城市是否具备发展主题公园的条件，因此出现了某些从投资伊始就注定失败的主题公园。

1. 大多数主题公园仍处于以观赏为主的被动游览

大多数主题公园具有一定的知识性和教育性的特点，但娱乐性不足，缺少精神和智力的参与。在这点上，深圳的民俗文化村就做得很好。它将 56 个民族的传统节日都组织发动起来，让来到民俗文化村的游客都可以亲自参与这些欢乐的盛会，领略各民族不同的风俗传统，感受中华民族多姿多彩的生活情趣。

2. 市场营销策略失当

一些主题公园的设施设备的先进性、活动内容的多样性，以及投资规模、占地范围，都不逊色于周边城市的一些同类产品，如上海的主题公园，但为什么会如此冷落萧条呢？原因在于，他们没有合理的营销策略，缺乏正确的营销观念，不去研究旅游者的心理动机，而只依靠一些陈旧的大户推销，没有把主题公园当作一项文化产业来经营——打造文化品牌，营造文化氛围，用文化品位吸引游客，而是仅仅当作一般性旅游经济产业来操作。

3. 缺乏对回收期的正确认识

一些主题公园的投资建设者缺乏对投资回收的正确认识,他们急功近利,盲目追求高利润,妄想在2—3年内收回资金投入。试图通过高门票、高消费的办法进行强行回收,致使主题公园门槛太高,一些工薪阶层承受不起。于是造成了"票价越高,游客越少;游客越少,票价就抬得更高"的恶性循环,导致了主题公园生命周期的缩短。

主题公园建设是一个十分复杂的问题,不能简单地用"是"或"非"来简单回答。不重视主题公园在现代旅游业发展中的地位和作用是不对的,同时建设主题公园时不顾及环境因素和资源条件,不考虑历史背景,不注重文化内涵,大建、特建,也是错误的。一言以蔽之,笔者对中国主题公园的态度是"反对一哄而上,粗制滥造,但也反对一笔抹杀,全盘否定"。客观地看,建成一个主题公园很不容易,要把它经营好就更困难了。

9.3 我国主题公园发展对策

发展主题公园是现代旅游业的契机,建设和经营管理好一个主题公园主要需要做到以下几点:

9.3.1 主题的确立

确定的主题必须有鲜明的个性,才能给人留下深刻的印象,所选择的主题要符合市场的需求,要贴近游客求新、求奇的心理需求,同时主题要有充分的弹性和包容性,所选的主题能在满足游客共性的基础上,认真考虑不同地区、不同民族、不同年龄游客的喜好,当然主题还需要有一定的拓展空间,能随着游客需求的变化不断充实和丰富。主题公园从开发构思到规划设计都要讲究个性,要体现我们民族悠久的历史和文化,要符合时代发展的需求和特点,要有较高的艺术价值和艺术品位,这是主题公园在竞争中取胜的根本之道。

9.3.2 表现形式的动态更新（生命周期理论）

一个主题公园有没有发展前途,有没有生命力,其特有的文化内涵起着重要的作用。但如果一个主题公园仅有深刻的文化内涵,而不能利用文化内涵策划创设出表现这种内在文化特色的活动,也将不能吸引大量游客。一般而言,主题公园的主题是相对固定的,一些硬件设施的功能在长时期内也难以发生改变。但是,由于受到社会经济技术进步、消费者需求变化和市场竞争3种力量的影响,主题公园在市场上不可能一枝奇葩独秀,好花常艳。如果没有丰富创意的新景点、新项目来更新,就不会有足够的回头客和源源不断的新客源。要始终把创新放在重要的地位,只有不断充实文化内涵,使旅游产品不断得到完善充实和更新,才能吸引游客创造经济和社会效益。

比如企业可以根据社会需求并结合自身特色精心策划推出含有丰富创意的新景点、新项目或新活动,并且时刻注意市场动向,不断调整,用动态的主题活动弥补静态设施的缺陷。如北京"世界公园"的经营者为了保持公园旺盛的生命力,提出"一天一个世界"的口号。"世界之窗"总结出"新增项目＋活动策划＋艺术表演＋节日庆典＝市场"的规律,每年都推出富有特色的新项目。

9.3.3 品牌化经营与市场营销

我们已进入品牌竞争的时代,打造品牌,营销品牌,消费品牌,成为每一个现代人十分关注的话题。中国的主题公园也面临着如何树立品牌,如何形成品牌的问题。品牌意味着市场份额、经济效益和社会效益,品牌化一旦成功,企业就会站在更高的基点之上,必将在竞争中处于有利地位。当然,主题公园品牌从创建到成熟需要很长一段时间,这是一项长期性的投资和系统工程。

离开了媒体的宣传炒作,再好的产品也会失去市场,加强市场营销,进行主题公园形象策划,增强吸引力和竞争力,是主题公园成功的一大重要手段。事实也告诉我们,那些成功的主题公园往往和媒体合作程度高、层次深。如主题公园可以和媒体合作搞活动,投放一定的广告和宣传,如果效果好就可以加大宣传力度,多搞一些宣传活动。像无锡的影视城在这点上就做得很好,也收到了很好的效果。

还可以运用一些促销方式,利用主题公园举办各种活动的机会,通过宣传媒体加强新闻报道和信息发布力度,在重点客源地区,如城市中心、交通站口等地投放产品广告,方便游客获得主题公园的活动信息,积极参加各类旅游博览会,提高主题公园的知名度,争取合作意向,通过赠送纪念品、宣传册、消费信用卡以及抽奖等方式,刺激消费。

9.3.4　加强经营管理,提高员工素质

主题公园的经营管理,不但要重视硬件的提高,更要注意软件的质量。需要经营者遵循市场规律,研究市场和产品间的辩证关系,不断充实改进与完善主题公园的经营管理。同时我国缺少主题公园方面的专业人才,这一直是制约我国主题公园发展的"瓶颈"。主题公园企业属于服务性行业,提高主题公园的管理人员的素质刻不容缓。主题公园应像饭店那样注重内部管理,规范员工行为,建立既有约束性又有激励性的经营机制,形成良好的分配结构,既防止"消化不良",又防止"大锅饭"。如"世界之窗"采用的"二挂钩""一评估"的约束激励机制就取得了良好的作用。

在管理上可以采取"刚柔相济"的方法。"刚性管理"要求员工都处于规章制度的硬性约束中,强调制度建设,强化制度作用,使公园由"人治"进化为"法治"。但由于提供给游人的服务,其质量的好坏既取决于员工的技巧,也取决于员工的职业道德和思想素质,所以,对员工的管理不仅是一个量化的过程,也是一个倾注人文精神的过程。因此引进了"柔性管理",强调由强制进入自觉,使员工处在公园文化道德规范和行为准则的无形约束之下,达到内在的自我管理和自我约束。同时主题公园也应进行用人制度改革,努力走出"重外不重内、重老不重新、重薪不重用"的人才使用误区,加强对员工进行动态培训,提高员工素质。

9.3.5　加强宏观指导和行业管理

主题公园的健康持续发展需要政府的宏观调控。调控不是保护垄断，调控内容主要是控制主题公园的数量和布局，避免重复建设带来的浪费和恶性竞争。对主题公园的开发支持应"抓大放小"，即把力量集中在有望成为当地名牌旅游产品，能带来巨大社会经济效益的主题公园身上，对其开发建设予以投资鼓励，加强统一管理，确保主题公园健康高效益运作。同时，旅游管理部门还应充分发挥其联系政府、企业、社会三方面的桥梁和纽带作用，建立旅游事业管理委员会，加强对旅游业的宏观有序的管理能力，尽快制定旅游项目建设的规划与基本标准，对旅游娱乐业的投资和资源开发提出合理规划，收集和发布有关主题公园的信息，提供咨询服务，加强行业管理，使企业行为和旅游发展总体规划协调起来，促进主题公园经营管理水平的提高。

9.3.6　主题公园理论研究

中国对主题公园的研究还处于初级阶段。出版的学术专著较少，国内权威旅游学术杂志上有关旅游主题公园研究的学术论文屈指可数，学术界对主题公园的研究还缺乏系统的分析和专项研究，因此我们需要加强理论研究，为我国主题公园建设和经营实践提供可靠的理论指导，促进其健康发展。

9.4　结语

面对成功与失败，两种截然相反的看法也开始交锋：一种意见认为，以主题公园为代表的人造景观的涌现，促进了旅游业结构调整，改变了以往旅游者"白天看庙，晚上睡觉"的单调旅游生活，成为中国旅游业大发展的基石；另一种看法却是主题公园不过是一种"快餐文化"，中"看"不中"吃"，应当将其抛弃。

诚然,我国的旅游主题公园在"摸着石头过河"的发展过程中,会出现这样那样的矛盾和问题,导致了"主管部门有想法,专家学者有看法,新闻媒体有说法"的局面。但我们也不能否认有一些主题公园运营良好,经济、环境、社会效益均好,更不能抹杀和忽略了主题公园的作用和意义。主题公园存在的种种问题只能说明在规划、经营、管理等方面还做得不够好,但我们不能就此否定主题公园的积极作用。

目前,我国各地纷纷把旅游业作为兴市兴省的支柱产业,主题公园等旅游景区(点)的建设作为旅游开发的基础性工作备受重视,因此,尽管我国主题公园建设中问题很多,但主题公园在我国依旧有美好的发展前景。我国的主题公园作为一种独立的休闲娱乐形态和旅游开发选择方向,已经成为旅游产业中具有开拓意义的新产业支柱之一。它是现代旅游发展的主体内容之一和未来发展的重要趋势之一。

第 10 章

新乡村主义及乡村旅游规划研究

10.1 新乡村主义概念的提出

新乡村主义(neo-ruralism)是笔者在 1994 年江阴市的乡村景观改造和自然生态修复实验中提出的景观设计观,即在介于城市和乡村之间体现区域经济发展和基础设施城市化、环境景观乡村化的规划理念。之后,曾有人用过相似的概念。如在乡土文学上,曾经出现过"乡村哲学"或"新乡村主义"的提法。在旅游产品和房地产促销上,也有人用过"新乡村主义"的名字,是指介于都市生活和乡村生活之间的新旅游文化[①],但这仅仅是一种营销概念。笔者在这里提出的新乡村主义是一个关于乡村建设和解决"三农"问题的系统的概念,就是从城市和乡村两方面的角度来谋划新农村建设、生态农业和乡村旅游业的发展,通过构建现代农业体系和打造现代乡村旅游产品来实现农村生态效益、经济效益和社会效益的和谐统一。

---

① 参见《时尚旅游》2006 年第 5 期有关新乡村主义的内容。

20 世纪 80 年代晚期,美国在社区发展和城市规划界兴起了新都市主义(new urbanism)。其宗旨是重新定义城市与住宅的意义和形成,创造出新一代的城市与住宅。它的出现深刻影响了美国的城市住宅和社区发展,并很快在世界范围内流行,在 20 世纪 90 年代末进入中国。它起源于第二次世界大战前的城市发展模式,即寻求重新整合现代生活诸种因素,如居家、工作、购物、休闲等,试图在更大的区域开放性空间范围内以交通线联系,重构一个紧凑、便利行人的邻里社区。与新都市主义相比,新乡村主义不只是在空间上的对应,关于乡村性的强调使其在内容上也与新都市主义有着本质的区别。

恩格斯认为:"只有通过城市和乡村的融合,现在的空气、水和土地的污毒才能排除,只有通过这种融合,才能使现在城市中日益病弱的群众的粪便不致引起疾病,而是用来作为植物的肥料。"恩格斯对城乡环境问题的分析以及所体现的生态循环思想为新乡村主义提供了理论依据。《中共中央 国务院关于积极发展现代农业扎实推进社会主义新农村建设的若干意见》(中发〔2007〕1 号,以下称"中央 1 号"文件)中指出:"农业不仅具有食品保障功能,而且具有原料供给、就业增收、生态保护、观光休闲、文化传承等功能。建设现代农业,必须注重开发农业的多种功能,向农业的广度和深度进军,促进农业结构不断优化升级。"要"大力发展特色农业。要立足当地自然和人文优势,培育主导产品,优化区域布局……特别要重视发展园艺业、特种养殖业和乡村旅游业"。胡锦涛在党的十七大题为《高举中国特色社会主义伟大旗帜,为夺取全面建设小康社会新胜利而奋斗》的报告中明确指出,要"统筹城乡发展,推进社会主义新农村建设"。[①] 新乡村主义理念的提出正是顺应了"中央 1 号"文件的思想,也完全符合党的十七大指示精神。

10.2 国外的实践依据

10.2.1 英国的先例

19 世纪 20—50 年代,英国的 4 种规划类型实例构成了新乡村主义规划的重要

---

① 中国共产党第十七次全国代表大会文件汇编[G].北京:人民出版社,2007.

先例。第一种类型可用摄政公园来说明,这是个以风景画方式美化的皇家庄园,它用公园中心的几座独立别墅作装饰,周围环绕着长而别致、连接起来的台阶。公园始建于 1811 年,在约翰·纳什(John Nash)几次修改其原始设计以后,于 1832 年建成。1835 年,这块地方曾部分向公众开放。只是到了它发展的后期阶段,评论家们才察觉这座公园是乡村和城市的真正组合;其中最早提出的是詹姆斯·埃尔默斯(James Elmes)。他在 1827 年评论说,"这是我们大城市的农场似的附属物",是一种"壮丽、健康、装饰的田园风光和只有这样的大城市才能提供的使生活舒适的事物"的结合。更具特色的郊区是 1823 年,纳什为这一公园东北边的公园村(The Park Villages)所做的设计。

第二个有关的规划类型是坐落在胜地城镇的私人住宅区,始于 19 世纪 20 年代。这些庄园的设计者很明显学习了摄政公园和公园村,特别使用了 5 个规划手段,企图创造更具吸引力、更有益的计划——这些手段也导致了乡村和城市之间的有效结合。这些革新技巧,第一,包括均匀的低密度的发展,美化并开放"自然",以供游憩的区域;第二,仅容纳同一等级的住宅,以保证这一区域的稳定性和一致性;第三,邻近服务和市场区域,但细心地加以隔离;第四,马厩小巷放在社区边缘;第五,庄园依统一的计划,在一种所有制下发展。一个早期的例子是位于切尔滕哈姆(Cheltenham)的皮特维勒(Pittville)庄园,于 1824 年开始兴建。1827—1828 年,由德锡默斯·伯顿(Decimus Burton)规划设计的位于腾布里奇·维尔斯(Tunbridge Wells)的卡尔弗利(Calverley)公园,或许是私家庄园发展的典型例子。这一设计的主要特色是,一座小山边上有私人林园,在较高处的四周排列中等别墅。房舍之间的树木和绿篱给人一种自然隔离的感觉,而前面的开敞空间分布着悦人的小径,并可眺望远山的景色。市场位于北边一定距离处,马厩建在西北,靠近城区。约翰·布里顿(John Britton)称此庄园为"一个如此乡村化的时髦小村",其他人尤其称赞乡村和城市在此得到了成功的综合。在此同时,约翰·纳什和詹姆斯·摩根(James Morgan)合作规划了位于利明顿(Leamington)的纽博尔德·康门(Newbold Comyn)庄园,这是一个由独立的别墅、台地、花园和小径组合起来的,远比纳什早期在摄政公园的作品复杂的城乡结合。在所有这些情形中,建筑师高度重视寓所和景观在画面上的统一,并保持独特而有别于其他市区的感觉。

到了 19 世纪 30 年代,公共汽车、铁路和渡船交通的兴起促进了第三种规划类型——大城市"往返市民"(commuter,意为经常往来于某两地间——如郊外住所与市内办公处的人)郊区的发展。它既不像摄政公园,那儿的人自备私人马车;也不像胜地庄园,这种庄园的住宅有季节性的"退休"。大城市的郊区迎合了在城市供职而想体验乡村生活的中等阶层家庭成员。在它们风景画式的形式以及私人公司一样的体制方面,许多大都市郊区很像皮特维勒和卡尔弗利公园这样的胜地庄园。19 世纪 30—50 年代规划的许多这样的郊区中有两个最好的例子。第一,1837年为设计一个私人住宅区,在曼彻斯特成立了维多利亚公园公司。一位重要的地方建筑师里查德·莱恩(Richard Lane)做了个规划,整个由独立和半隔离的寓所以及 4 个公园或绿地组成,由蜿蜒、循环、弯月状的道路相联系,并与外面的由进口和门房控制的通道相衔接。这个规划包括一个教堂,商业建筑显而易见是被禁止的。两年内,一个观察者发现这一设计把"靠近城镇的优点与乡村住宅的特色和优点"结合起来了。在 1837 年,又建立了岩石公园庄园,用渡船跨默塞河(Mersey)与利物浦(Liverpool)相通。根据契约将建成一个独院或社区,提供独立或半隔离的不高于两层楼的住房,社区内除文化型行业外,不准进行贸易或经商。利物浦的代理人乔纳桑本尼森(Jonathan Bennison)为之准备了配套规划,包括门房和曲折的道路,房屋布置有利于观赏远处的默塞河和利物浦的风景。

1838 年,大城市郊区规划的理想被约翰·克劳迪斯·劳顿(John Claudius Loudon)列入他的《郊区园艺师和别墅指南》——这篇被道宁和其他许多美国建筑师所熟知的专题论文中。一方面,劳顿提出:郊区别墅应当提供乡村生活的益处。"郊区住宅的主人,不管他的领地多小,均可在同一时刻获取健康和享乐。"另一方面,"比起一座孤立的乡村住宅来,郊区住宅具有巨大的优越性,包括接近邻居,以及容易提供只有在城市才能获得的教育和享受:例如,公共图书馆和纪念馆、戏剧演出、音乐会、公共和私人集会、工艺品展览等"。

最后看第四个例子。摄政公园于 1841 年完全向公众开放,被认为推动了 19世纪 40 年代及其以后都市公园在整个英国的发展。在若干这样的公园中,私人台地、别墅和花园与公共步道、马路、草坪、森林、湖泊结合在一起。始建于 1843 年的伯肯黑德(Birkenhead)公园,由于奥姆斯特德 1850 年的参观而成为最常被提到的公园之一。然而,1842 年由约瑟夫·帕克斯顿(Joseph Paxton)和詹姆斯·潘内桑(James Pennethorne)规划设计的利物浦的王子(Prince)公园同样也很成功,早在 1845 年即为威廉·卡伦·布赖恩特所知晓。在该公园始建的两年内,当代观察者们注意到王子公园聚集了"城市和乡村的优点",将其描述为"欢迎……从忙碌的事务、街道的喧嚣和尘土中来此静居",以及"在壮丽的风景环抱下",还有"离市区近"及其一切舒适之处。

10.2.2　美国的浪漫城乡运动

风景如画的英国都市公园、美国浪漫主义的公墓规划、安德鲁·杰克逊·道宁(A. J. Downing)为有意识地创建美国风景园艺"乡村"风格的努力,以及日益增长的深居简出和对家庭生活的兴趣,在传统上被认为是导致 19 世纪 50 和 60 年代美国浪漫色彩郊区运动的主要原因。但美国浪漫色彩郊区的原型之一早已在英国存在,不仅存在于公园,也存在于休养胜地和主要都市的郊区——这些已为 19 世纪 30 年代以来的美国旅游者所知晓。在美国采用这种原型以及发展本土的郊区类型的动力,可以看作是美国思想史的一个重要发展。美国的浪漫城市郊区能提供乡村和城市两者的优点而消除各自的不足,将成为上等居住环境。

10.2.3　韩国的新乡村运动

20 世纪 70 年代,韩国以改善生产、生活环境为重点的"新乡村运动",创造了发展中国家农村建设跨越式、超常规发展的成功模式。其主要做法是改善农村公路、改善农民住房条件、推动农村电气化、推广高产水稻品种、增加农民收入、积极发展农协组织和兴建村民会馆等 8 个方面。这是新乡村主义的国外实践先例。

1970 年,韩国政府开始把拓宽乡村马路,改良屋顶、围墙,设置公用水井、公用洗衣场,架设桥梁和整治溪流等作为改善乡村基础环境的 10 件大事业,并要求每项工程都应以全体乡民的意愿进行。结果政府因财政困难,只拿出了很少一部分款项就取得了可喜的成绩。在全国 3.5 万个乡村中,就有 1.6 万个村庄的村民们投入自己的资金和劳动力来积极响应政府的号召。

新乡村运动所指向的目标是建设美好的故乡、健康的社会和骄傲的国家。更可以肯定的是,新乡村运动是要求大家都能过幸福生活的一个共同体。新乡村运动的开始,不是由政府提出什么宏伟计划而开始的运动,而是农民们主动、自觉地参与政府的各种政策而取得的"双赢"。新乡村运动的基本精神是勤勉、自助、合作。勤勉是善用自己的实践原理;自助是走出困境的实践原理;合作是扩大自己的实践原理。勤勉、自助、合作三项新乡村精神,是实行新乡村运动不可或缺的行动纲领。

在这一期间,韩国的新乡村运动组织也组织开展过一些有效的活动,如"一区一社一村一品运动""农产品直销""城乡姊妹联系""文明市民和家庭活动",以及敬老、环保、安全等活动。这些都无非是城乡、区域、产业结构调整,尽管与世界经济发展的大背景、资金投入、民间和农民的积极性有直接关系,但是农民通过新乡村运动树立的勤勉、自助、协同精神和意识仍鼓舞着韩国农民树立积极向上和奋发进取的主人翁意识以及勤劳致富的精神,值得我们参考和借鉴。

韩国开展新乡村运动所取得的成就和经验,得到了联合国有关组织的肯定和很多发展中国家的重视。中国农业部、中国农学会在绿色证书培训、科教兴村活动、农村科教扶贫、农村综合开发等多项活动中,与韩国新乡村运动组织机构、全国大学教授新乡村研究会也有着广泛深入的联系、交流与合作。韩国的新乡村运动发起过程、主要内容、社会效益及经验教训,对我国调整农村政策和产业结构,研究农村与农民问题都会有有益的启示。

10.3 新乡村主义在江苏的实践

10.3.1 江阴市农村园林化实践

1994 年,当江苏省江阴市和张家港市人民政府向笔者提出进行农村园林化实践这一课题时,笔者觉得较新颖,同时至少有两点疑虑:首先,农村到处是庄稼,常年绿满田野,用得着园林化吗? 其次,现在园林绿化经费紧张,城市园林绿化建设的费用奇缺,此时能奢谈农村园林化?

同年底,笔者带领一个由扬州大学和当地政府有关部门的专业人员共同组成的30多人的农村园林化工作组对江阴农村进行调查,发现了两个情况,首先我国的乡镇企业排污量大。不少乡办、村办企业就是那些因污染严重而在城市不准兴办的企业。由于这些厂点与农业生态环境紧密交错在一起,污染物给土壤、水资源、农作物以及人体健康带来明显危害,农村环境仍在继续恶化,制约着农村经济的发展,危及农村人口的健康与生存。其次,农村环境普遍存在脏、乱、差,村庄公共设施落后等问题。多数农民依旧在积聚了工业与生活污水和含有农药残留的池塘里淘米、洗菜,甚至将其作为饮用水,严重影响着农村人口的身体健康。可见,农民富裕了,并不表示生活质量提高了。

基于上述原因,我们提出了农村园林化的必要性。农村园林化是农村经济与环境协调发展的需要,农村园林化是提升农村人口生活质量的需要,农村园林化是农业现代化建设和改善外部投资环境的需要,农村园林化是农村精神文明建设的需要,农村园林化是保护耕地和乡村景观的需要。之所以选择在江阴开展农村园林化探索,主要是因为在经济发达地区对于农村园林化的可行性。第一,农村经济的发展为农村园林化提供了经济基础;第二,有关乡镇域规划的法律性文件以及"两区"划定工作的完成为农村园林化提供了可靠依据;第三,农田基本建设的现代化为农田园林化提供了现实条件;第四,农民对城乡一体化的愿望和对美好生活的追求为农村园林化提供了内在动力。

事实上,世世代代的农民埋在心里的对"做城里人"的企盼,无非是想享受城市的便利和精神的富有,希冀在农村也提供城市居民拥有的看上去整洁、优雅的生活环境条件。久居闹市的居民也希望能返璞归真,回归自然,追求乡居生活和田园之乐。这表明农村环境具有城市环境无法取代的功能,农村园林化试验试图通过积极促进农村环境(包括农业生产环境和农民生活环境)的改良,在物质上综合乡村和城市的优点,消除各自不足,推进农业现代化建设步伐,提高农业劳动生产力,并为农村人口创造一个新的上等居住环境,以提升农民生活质量,缩小城乡差别。这对稳定和发展农业无疑具有极为重要的现实意义和战略意义。

当然,农村园林化与城市园林化虽然都是以园林化为中心内容,即创造一个理想优美的环境。但是,由于农村与城市的现实情况不能完全吻合,我们不可能以城市园林规划设计的原则来生搬硬套。怎样才能使园林在风格上与农村相一致,与农业现代化相合拍,以正确反映现代农村特有的面貌,是农村园林化规划设计过程中必须要考虑的问题。通过农村园林化改善农村人口的生产环境和生活环境(包括物质生活环境和精神文化环境),从而提高农业劳动生产力和农民生活质量,以达到缩小城乡差别,稳定和发展农业,保护耕地和乡村景观(城市化以后无法再生的风景资源)的目的。

通过对农村园林化的探索,我们体会到,园林艺术已不再是城里人的专利,而是属于包括亿万农民在内的向往美好生活的全人类的共同财富。只不过由于造园条件城乡有别,农村园林化与城市造园在追求理想环境的手法上有所区别:前者是在极富自然情调的田野上整理乡村的风景,点缀人造景观;后者是在满目人工痕迹的城市里讨回失去的自然,再造自然风景。由于在广袤的农田之中镶嵌现代化的小城镇,园林化的江阴农村成为田园风光与都市气息的交织。

作为一个新生事物,在实施过程中碰到过不少问题。但农村园林化的最终成功,为全面而深入理解园林的意义提供了新的思路。这不是 19 世纪美国浪漫郊区运动的结晶,而是改革开放后的社会主义中国农村经济和社会飞速发展的产物。

10.3.2 无锡新区生态农业示范基地和都市农业旅游点规划

2006 年,无锡市人民政府新区管理委员会为了提升无锡新区农业现代化水平,进一步强化城市和乡村的互动关系,同时,响应鸿山遗址文化旅游资源开发规划,合理有效地保护和利用生态农业资源,为做大鸿山遗址文化旅游产品提供配套休闲服务设施,完善其整体功能以及全面推动园区生态效益、社会效益与经济效益的协调发展,决定大范围建设生态农业示范基地和都市农业旅游区。

乡村旅游最早出现在欧洲第一次工业革命之后,源于当时一些来自农村的城市居民以"回老家"度假的生活方式。在中国,现代意义上的乡村旅游出现在 20 世纪 80 年代,大规模发展在 20 世纪 90 年代。它是在中国旅游业迅猛发展和城市化进程不断加快的前提下应运而生的。2006 年是国家旅游局（现更名为中华人民共和国文化和旅游部）确定的"乡村旅游"年。由国家旅游局倡导创建的全国乡村旅游示范点已达 359 家，遍布全国 31 个省区市，覆盖了农、林、牧、副、渔等农业的各种形态。乡村旅游已成为中国稳定农村社会，减少贫困、调节农村人口向城市流动的重要手段，也为丰富城市居民休闲生活，开创新型"城市反哺农村"的社会主义建设新道路提供了一片更广阔的空间。

根据"杜能圈"理论，在像北京、上海、广州、无锡等这样的大都市的周围，必然会出现环状的农业产业带，主要是为了满足城市生存和发展的需要。然而，随着城市的进一步发展，其需求主体也正发生着巨大变化，于是"杜能圈"的功能也必将进一步向外延伸，原来的这个圈层中的传统农业就会向其他产业或者行业发展。这就导致了休闲农业的产生。无论是广义还是狭义上，休闲农业其实就是农业和休闲旅游业的结合体。特点是不再以单纯的自给自足或单纯的买卖农业产品为主要目的，而是大农业范畴下的跨产业经济发展模式，以农业为依托，以旅游为手段，靠出租或出卖整个农业生产流程、农业生产资料以及农产品甚至农业未来发展为主要经营盈利方式。

但是，一般生态农业示范园存在示范内容不清、建设目标不明、示范效应不灵的现象。为了规避这一点，我们坚持"高起点规划，高目标建设，高水平管理"的原则，秉承以生态、生活、生命"三生农业"理念为核心，以都市农业为立足点，大胆创新，构建了现代农业发展"五大体系"（农业科技创新与应用体系、农产品质量安全体系、农产品市场信息体系、农业资源与生态保护体系、农业社会化服务与管理体系）。通过现代农业新技术及新品种的引进、消化、吸收、示范、推广来实现无锡新区农业经济的良性循环。同时通过观光农业景点和生态环境建设，为城市居民提供休闲场所，为区内农民提供就业和增收，为新区构建健康的"绿肺"系统。

根据目标和整体定位，我们在规划中提出了"五大发展战略"（生态农业和生态旅游发展战略、产品错位开发战略、品牌战略、环境友好型战略、生物多样性发展战略）和"六大产品系列"（有机农产品、绿色农产品、无公害农产品、观光旅游产品、度假旅游产品、休闲旅游产品）。以创造"和谐农村，富裕农村，都市村庄，高效农田"为主题，全面示范现代农业发展体系，打造"一艘"融现代农业科技化、产业化、信息化为一体的农业生态"航空母舰",最终实现 3 个国家级的示范农业目标,即:从都市农业角度,成为国际都市农业示范区;从生态农业角度,成为国家级生态农业示范园;从观光农业角度,成为全国农业旅游示范点和国家 AAAA 级旅游景区。使无锡新区真正成为以"生态农业,乡村旅游"为主题的生态农业示范基地和都市农业旅游点。

10.3.3　九里村社会主义新农村建设科技综合示范工程

在丹阳市延陵镇九里村的社会主义新农村建设科技综合示范工程中(见图 10.1),我们的目标就是按照社会主义新农村建设"生产发展、生活富裕、乡风文明、村容整洁、管理民主"的要求,以技术集成应用和农村信息化等为切入点,以依靠科技提高九里村经济综合实力为重点,统筹考虑九里村的农业生产发展、农民生活水平提高和农业生态环境的改善,以九里中心村建设科技示范、九里农业产业化示范及九里乡村旅游示范三大工程为示范基础,把九里村打造成在一定区域内具有推广意义的新农村科技示范村。

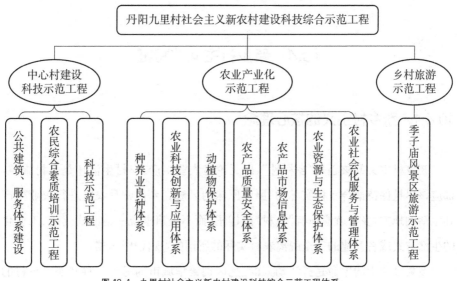

图 10.1　九里村社会主义新农村建设科技综合示范工程体系

课题组以促进农业产业化为指导思想，以发展循环经济为核心，全面研究九里村生产、生活、生态之间的协调发展。通过对九里村生产和生活中产生的物质条件、地域环境、气候条件进行研究，以发展沼气能、太阳能、生物治污等项目为中心，研究一条投入少、见效快、操作容易的科技开发方案，全面推行九里村的生态化建设项目，最终把九里村建设成为一个集种植、养殖、加工、旅游服务于一体的高效休闲农业园区。

在农业产业化方面，课题组以"三生农业"为核心理念，以展现现代农业"七大体系"为目标，以发展生态农业、设施农业及旅游农业为手段，通过对农业新品种、新技术、新成果的引进和应用，培育发展优质、优势特色农业产业，实现九里农业经济的良性循环，最终形成具有一定影响力和推广意义的九里农业科技示范园。在农业产业化的基础上，大力发展休闲农业，提高农业生产的经济效益。休闲农业的发展涉及农业生产、农产品加工、休闲服务等多个领域，需要有各方面的配合。本项目将以农业产业化为基础，以休闲农业增效益，以发展沼气能、太阳能、生物能为支撑，把九里村打造成为一个经济发展和生态良好，生活和谐，农民安居乐业的农村发展示范点，实现"生产高效，经济发达，环境优美，绿树成荫，花果飘香"的社会主义新农村。

10.4 新乡村主义的特征

10.4.1 新乡村主义的核心理念

新乡村主义的核心是"乡村性"，即无论是农业生产、农村生活还是乡村旅游，都应该尽量保持适合乡村实际的、原汁原味的风貌。乡村就是农民进行农业生产和生活的地方，乡村就应该有"乡村"的样子，而不是追求统一的欧式建筑、工业化的生活方式或者其他的完全脱离农村实际的所谓的"现代化"风格。

乡村社会中的生命是鲜活动人的，是区别繁华城市的另外一种状态。乡村的一人一物，一草一木，哪怕是一只土狗，一群小鸡，在外人看来都是充满生趣、能给他们带来笑容的。这是一种自由的无拘无束的生命状态,是乡村有别于城市的重要内容。同时乡村生态的原真性和可持续性也是乡村发展的核心特点。乡村中日落而息、日出而作的生产生活是多少城市人所梦寐以求的。从生命的原真开始到生态的原真、生活的原真,世世代代、祖祖辈辈,这是人类初始的状态,也是人类未来发展的必然状态。

乡村性对于乡村旅游而言尤其重要。德诺伊(Dernoi,1991)指出:"乡村旅游是发生在有与土地密切相关的经济活动(基本上是农业活动)的、存在永久居民的非城市地域的旅游活动。"他还鲜明地指出:"永久性居民的存在是乡村旅游的必要条件。"保持乡村性的关键是小规模经营、本地人所有、社区参与、文化与环境可持续(布罗曼,1996)。旅游者在选择旅游目的地时,考虑最多的是旅游活动的意义,即如何让自己的旅游行程收获更多或者说更难忘怀。这其中起根本作用的就是旅游目的地的核心吸引物。乡村旅游有别于城市旅游的一个重要特点就是,两者在对待自身存在核心理念上的不同。"城市是反生命和反生态的根源,城市的活力和生命力是乡村不断充实和加入所赋予的。"这与农村农业生产的有序和自然截然相对。而乡村主义的理念为农村"拯救"城市提出了很好的设想和努力方向。乡村旅游的核心吸引物就是农村、农业和乡村文化,田园风味是乡村旅游的中心和独特的卖点。乡村旅游有别于其他旅游形式的最重要的特点就是浓厚的乡土气息。这是现有乡村旅游业主题选择的基本出发点,也是乡村旅游发展的核心主题所在。

乡村旅游根植于乡村,发源于农业,在其核心主题的引导下,乡村旅游的核心产品包括以下 4 个部分。

1. 风土

即特有的地理环境。乡村旅游发生的区域既有别于高楼林立的混凝土城市区域,也有别于无人类居住的纯自然区域,可以说,这个区域仍保留着人类幼年时半自然半人工的生存、生活状态,容易激发起久居城市森林之中人们心底的返璞归真的人类天性。尽管在这里的生活没有城市那么便捷和舒适,但这里既没有让人夜不能寐的各种噪声,也没有臭气熏天的臭水沟和堆积成山的垃圾,更没有杀人于无形且无处不在的各种化学品。因此,所谓的风土,在乡村旅游产品体系中可表现为乡村健康的空气、水、土壤和乡村的宁静祥和的环境。

2. 风物

即地方特有的物产。旅游活动中少不了地方的特产,而在乡村旅游地,其物产也是吸引旅游者核心产品之一。乡村旅游的风物分为两种,分别是大地物产和人文物产。大地物产主要是特定的地理、气候环境。在乡村旅游目的地的特定土地中出产的物产,如瓜果蔬菜、牛羊鱼肉等。人文物产主要是指乡村旅游地特有的文化土壤中培养出来的物产,如民族特色的装饰品、日用品等。一般在乡村旅游过程中,风物是促成旅游活动进行的基础,吃农家饭、品农家菜、住农家院、干农家活、体验农家乐、购农家物品也是旅游者体验的主要内容之一。

3. 风俗

即地方民俗。乡村旅游地往往是传统色彩比较浓厚的区域。在中国,农民占到全国总人数的70%以上,农村作为中国传统文化的直接继承者和传播者的作用仍然不可小觑。很多民俗学家到农村去了解民风习俗和思想意识,从而更多地了解了过去的中国社会状况。一方面,古朴和淳厚的乡村民俗成为当今农村发展旅游业的一个很好的看点,如婚丧嫁娶的习俗、特色民族文化等。另一方面,随着时代的发展和全球趋向于一体化,一些传统的具有个性的东西在迅速减少,大约每10年减少50%。如北方乡村老式的锅台、风箱、平房、引石、牛车、马车、七寸步犁等。而这些在广大的乡村却随处可见,也只有当城里的人们来到乡村看到它们的时候,才会觉得这些东西依然有其独特魅力。

4. 风景

即可供欣赏的景象。乡村风景可能是吸引大众旅游者目光的主要因素。在乡村旅游点中的风景,广义上可以包括以上3点,是指一切旅游者可以获得旅游兴趣的景物。狭义上就是乡村旅游有别于城市旅游等其他旅游形式中存在的独特的旅游景观。它包括自然风景和人文风景。自然风景主要是乡村所依附存在的周边自然环境或人工改造环境。如山体、溪流、果园、田园等;人文风景主要是指乡村永久居住者在生存、生活历史中形成的具独特地域性的生活行为方式、文化表现等,如生活习俗、建筑风格、文化节庆等。

除了农业生产、农民生活和乡村旅游的乡村性,农村的生态环境建设(包括自然生态环境、文化生态环境)的乡村性也是不容忽视的一个重要方面。农村生态环境建设既包括优美的自然生态环境和健康的文化生态环境建设,也包括农业生产环境和农民生活环境的改善和优化。新农村建设应该关注农民生活水平的提高,促进城乡生活质量的平衡。"生态"贯穿于"生产"与"生活"的整个过程之中,是新乡村主义的"乡村性"得以实现的保证。

10.4.2 "三生"和谐的发展模式

1. 生产和谐

农业生产是农村的基本形态,也是农业成为国民经济第一产业的根本所在。可以说,农业生产既是第一产业的产业基础,也是国民经济的经济基础。然而,国内的现状是农业生产被忽视,在农村过度强调工业生产。中国完成工业化、实现现代化的道路不是以削弱农业生产,转而发展工业生产的道路,而是在保证农业生产、巩固第一产业在国民经济中的地位的基础上,不断加强工业化的过程。不合理发展工业的结果必然导致农业用地被工业用地吞噬,农业生产环境被破坏,农业产品被污染,变得不安全。从表象上来反映,就是农村景观遭到破坏,乡村性在逐渐丧失。

现代农业应该是高效农业。高效不但表现在农业产品稳定丰产,还表现在农业生产方式多元化且互为促进、互为补充。例如被称为"第六产业"的"观光农业""休闲农业",就是利用现有资源来发展复合农业产品,即在农业生产正常进行的同时,带入新型产品形态,增加农业收入。观光农业是农业和旅游业有机结合的一个新兴产业。它以发展绿色农业为起点,以生产新、奇、特、优农产品为特色,依托高新科技开发建设现代农业观光园区,是农业产业化的一种新选择。

由于农业是第一产业,在产业链中处于源头,为其他产业的发展提供基本原料。因此,农产品的安全问题直接影响到整个国计民生,尤其是食品安全问题,对以人为本的和谐社会构成了最大的威胁。为了解决这个问题,就必须从源头抓起,将农村的精神文明建设作为建设社会主义新农村的一项重要工作来抓。同时,通过建立健全考核体系来争取制度上的保证。在积极向农民开展文化培训和建设的同时,引入资质评价体系,即农民要通过考核取得上岗证书(绿色证书)才能从事农业生产活动。

2. 生态和谐

保护和改善农村生态环境是新农村建设的前提,也将是新农村建设顺利进行的一项重要保证。生态环境是指由生物群落及非生物自然因素组成的各种生态系统所构成的整体,主要或完全由自然因素形成,并间接地、潜在地、长远地对人类的生存和发展产生影响。生态环境的破坏最终会导致人类生活环境的恶化。因此,要保护和改善生活环境就必须保护和改善生态环境。我国环境保护法把保护和改善生态环境作为其主要任务之一,正是基于生态环境与生活环境的这一密切关系。

有人认为,烧柴做饭,或者"脏""乱""差"就是农村。这是一种极其错误的观点,农村更需要优美的田园风光、整洁的生活环境和节能型的能源供应。近几年,"农家乐"旅游的游客大多是冲着吃农家饭、睡农家炕、看农家山水而去的,属于纯体验型的民俗游,但今后一段时期,这种民俗旅游肯定要走下坡路。在乡村风光美、生态涵养好、环保节能高的环境下追求一种心灵的宁静和彻底的放松,将是未来农业观光游和民俗旅游发展的方向。优美良好的农村生态环境包括聚落生态环境、农民人居环境、乡村自然环境、农业生产环境、乡野景观环境等,又可以分为外部视觉景观生态、内部能量循环生态和文化景观生态等方面。

外部的视觉景观生态为农村的生产和生活提供一个良好的背景,在外部景观形象上体现原汁原味的乡村性。这主要通过农田生态和田园风光来表现,例如成片的果园、整齐的菜园、一望无垠的麦田、满山遍野的牛羊、鹅鸭成群的池塘,等等,都是最能体现农村田园风光的生态景观。现在各地的农业示范园等形式都是很好的展示乡村性的视觉景观形态。

生态节能应该是新农村建设的突出特点之一。内部的能量循环的生态主要指的是生态节能的循环农业模式。所谓循环农业,就是把循环经济理念应用于农业生产,提高农业可持续发展能力,实现生态保护与农业发展良性循环的经济模式。实现农业生产的清洁化、资源化和循环化,是发展循环农业的基本要求。长期以来,由于我国农业生产方式比较粗放,未能有效利用土地、化肥、农药和水等生产要素,造成了严重的资源浪费和生态破坏。应树立生态、清洁和可循环的理念,大力推进农业生产的清洁化、资源化和循环化。因此,应大力宣传发展循环农业的意义、途径，教育和引导农民节地、节水、节能、节肥。可以考虑参照城市建筑生态改造利用的"3R"原则，即 reduce（尽量减少各种对人体和环境不利的影响）、reuse（尽量重复使用一切资源或材料）、recycle（充分利用经过处理能循环使用的资源与材料）。实施清洁农业生产，积极参与和支持循环农业发展。

文化生态景观主要指乡村民俗文化方面。时下有许多不健康的民间习俗流传于农村，造成了比较恶劣的社会影响，阻碍了新农村建设的顺利进行，不利于和谐社会的构建。农村的文化生态主要体现在营造健康和谐的社会风气，移风易俗，摒弃不良的社会陋俗，为新农村建设创造一个良好的社会文化环境上。可以将一些体现优秀传统的、健康向上的民俗活动进行改造和发展，融入新农村的社会文化建设之中，形成具有充分的乡村特色的文化生态景观。

3. 生活和谐

如果说生产和谐、生态和谐分别是从经济和谐、自然和谐的角度来看社会主义和谐社会在社会主义新农村中的重要意义，那么生活和谐则是体现社会主义和谐社会在人的和谐方面的要求。人的和谐是"三生"和谐的核心，也是"三生"和谐的最终目标，它反映在农村物质文明与精神文明的和谐，以及产业发展与社会发展的和谐。

建设社会主义新农村的最终要求是从根本上提高农民的生活质量。根据"中央1号文件"的精神，农民增收问题成为当前迫切需要解决的问题。农民的增收问题不是一个孤立问题，尤其是要达到农民快速、持续增收的目的，就必须将提高农村物质文明和提高精神文明相结合。物质文明要靠生产和谐来支撑，精神文明则要靠不断提高农民文化素质来达到。现代农业要求现代农民能适应农业生产专业化的要求，能不断推进产业化运营模式的创新，能开展现代营销和流通活动，这些都建立在农民具有高文化素质的基础上。文化素质已经成为发展现代农业、建设社会主义新农村的必要基础，也是有效解决农民增收问题的重要前提。

农业作为第一产业，其稳定发展最根本的目的是哺育社会，保证社会生活所需要的各类资料能得到满足，与产业链其他下游产业一起，为人民生活提供丰富的物质资料。然而，相对于城市来说，农村却一直是物质资料匮乏的地方。社会的发展与产业的发展应相互协调，产业的发展为社会的发展提供必要的基础，而只有社会的和谐发展才能使产业的高效、持续、稳定发展成为可能。关注社会的和谐发展，就要关注农民生活是否高质量，是否满足农民需求，是否体现农村生活特色，是否符合新农村的未来发展趋势。

另外，在城市普遍开展生活环境整治，创造良好的人居环境的同时，人们却忽略了农村人居环境破坏严重的问题。由于大型工矿生产基地逐渐移出城市，向农村转移，导致农村的生活环境遭到严重破坏，自然的青山绿水已经被日益恶化的人居环境所取代。新乡村主义认为，要真正缩小城乡差距，就必须使衡量和评价农村发展现状、农民生活水平的评价指标体系与城市居民生活环境的评价指标体系相统一，这是使农民的生活环境得到真正改善的重要前提。

10.5　结语

总之，新乡村主义就是一种通过建设"三生"和谐的社会主义新农村来实现构建社会主义和谐社会的新理念，即在生产、生活、生态相和谐的基础上和尽量保持农村"乡村性"的前提下，通过"三生"和谐的发展模式来推进社会主义新农村建设，建设真正意义上的社会主义新农村，实现构建社会主义和谐社会的目标。

第 11 章

自驾游导向的旅游景区规划研究

　　自驾车旅游最早出现于 19 世纪的美国,后来成为流行于发达国家的一种旅游形式。1898 年,由欧美 17 个俱乐部于卢森堡创建的国际旅游联盟(Alliance Internateonale de Tourisme,AIT),即一个代表全世界汽车驾驶组织和旅游俱乐部的非营利性的民间协会。美国每年约有 1/2 的家庭自驾车旅游一次,早在 1980 年美国自驾车旅游就占到了各城市旅游的 84% 之多,对美国旅游市场的发展起到了不可估量的作用。

　　20 世纪 90 年代以来,我国自驾车旅游逐步兴起。从 2005 年的"十一黄金旅游周"开始,在全国出游的总人数(仅限黄金周)中,长途出游(300 km 以上)的人中有 3 成选择了自驾游,在许多大城市周边的近、中程出游中,选择自驾游的人数占到七八成之多。自驾游正在取代传统的旅游方式,并将逐渐演变为中国的主流旅游方式。但是,目前对自驾车旅游的专门研究较少,且多集中在自驾车旅游的市场研究方面,鲜有从旅游景区规划的角度研究自驾车旅游的报道。本章旨在从自驾车旅游角度出发,探讨旅游景区规划的相关问题,以促进自驾车旅游基地的发展。

11.1　自驾游旅游者需求分析

汽车工业的发展,人民生活水平的提升,道路系统的完善,配套服务业的健全,以及足够支配的闲暇时间等,成为自驾车旅游发展的重要动因。

旅游者采取自驾车旅游的方式,首先是希望实现自由的出行计划。在传统的旅行社组团旅游的方式中,旅游者基本无法自由安排出行计划,行程安排由旅行社事先计划好,自由度低;如果采取普通自助游的方式,行程计划又受到交通工具的影响,仍然无法自由安排。当旅游者采用自驾车旅游方式,出行计划就具有高度的灵活性,可以完全根据个人需要来计划旅程。

其次,旅游者体验性要求日益提高。旅行社向旅游者提供的旅游产品大多是比较成熟的旅游景区,出于安全、组织方式甚至成本的考虑,旅行社组织的旅游活动很少深入自然风景、文化民俗,更无法到达偏僻的地方,时间也很紧凑,大多是走马观花,很难给旅游者更深刻的出行体验。在当前体验经济迅速发展的形势下,传统的大众旅游、团队旅游已不能满足旅游者体验性的需求,自驾车旅游这种追求体验丰富的旅游方式更受到有条件的旅游者的青睐。对于旅游者来说,自驾游具有一定的挑战性,给旅游者提供了实现自我价值的平台。当旅游者在自驾车旅游的过程中战胜了种种困难,完成了以前从未做过的事时,他们就获得了愉悦感和成就感。

再次,旅游者的参与性要求与日俱增。随着旅游消费需求的变化,旅游者已不再满足于作为一个被动的接受者,更希望积极参与到其中。参与性体现在两个方面,旅游产品本身需要旅游者参与以及旅游者参与旅游产品的设计与组合。自驾车旅游者不仅能自行设计线路、组合旅游景点、安排食宿,而且能随时调整旅行计划,同时自驾车旅游者能够体验到旅行过程中自己驾车行驶的乐趣,获取与平日乘车不同的感受与经历。与传统的旅游方式相比,自驾车旅游的参与性更强,所以越来越多的旅游者加入该旅游方式中来。

同时,旅游者的个性化要求也在不断增长。当今的旅游者外出旅行,已经不仅仅是因为想看看与生活环境不同的自然景观和文化民俗,他们还希望通过具有个性的旅游方式以及到达与众不同的旅游目的地来彰显独特的个性。他们希望看到别人很少看到的景观,品尝别人很少品尝到的食物,体验别人很少体验到的异地文化,获得别人很少能够获得的旅游纪念品。这些个性化的需求使他们放弃大众旅游,而去寻找一种新的旅游方式。自驾车旅游正好迎合了他们的愿望。

旅游规划的核心或本质是平衡旅游市场的供求关系。既然自驾车旅游在旅游市场上产生了新的需求,作为旅游产业价值链上关键环节的旅游景区也应该随之发展,通过规划建设来应对自驾车旅游者的新的旅游需求。

11.2 自驾车旅游导向的旅游景区规划

11.2.1 旅游景区布局规划

1. 宏观布局研究

由于自驾车旅游具有快速、短时间内能到达较远的距离的特点,旅游景区的宏观布局就显得格外重要。我们可以从自驾车旅游者空间流动规律来研究自驾车旅游导向的旅游景区宏观布局。

目前,国内学者已对自驾车旅游者空间流向规律做了大量的调查研究,陈乾康以四川自驾车旅游者为样本对象的研究结果表明,自驾车旅游者空间流向有以下几种特征:

1) 近地域流动

由于受交通状况、出游时间、消费水平和汽车档次等诸多因素影响,大多数自驾车旅游者的行程均在单边距离 300 km 以内,即以近距离出游为主,如表 11.1 所示,单边距离在 300 km 以内占总数的 66%。

表 11.1　自驾车出游单边距离调查表

单边距离(km)	100	200	300	500	500 以上	合计
车数	153	215	206	125	174	873
百分比	18%	25%	23%	14%	20%	100%

2) 流向城市周边休闲度假旅游区

调查发现自驾车旅游者 100% 有此经历,且不少人重复游次数较多。

3) 流向风景名胜区

尽管休闲度假旅游日益受到旅游者重视,但观光旅游仍是当前最受欢迎的旅游项目,每当长假时期,自驾车旅游者依然将各地风景名胜区作为首选。统计数据中,观光旅游者占被调研人数的 39%,休闲旅游者占 37%,美食娱乐占 12%,探亲访友占 10%。不过,这一流向的回头客较少,同一景观的观赏往往是一次性的。

4) 流向交通条件较好的地区

作为自驾车旅游的基础条件,公路状况是自驾车旅游者考虑的重要因素,旅游者在选择景点时就有意识地考虑到交通状况。这在很大程度上取决于出行的安全性。

从一份对长沙自驾车旅游者的调查数据来看,36.57% 的样本在自驾车旅游的路程上所花的时间超过 4 小时,这也就表示 63.43% 的样本所花时间不超过 4 小时。其中,1/3 的有效样本选择了 3 小时。对于旅游目的地个数的选择,样本量随目的地数量的增加而递减,分别有 37.20% 的样本选择 1 或 2 个旅游目的地,选择 3 个的占到 17.39%,仅有 2.42% 的样本选择 4 个以上的目的地。同样是这份调查,数据显示 53.24% 的样本偏好于已开发并有一定知名度的旅游地,35.65% 选择新开发的旅游地,仅有 19.91% 敢于尝试未被开发的旅游地;就旅游地的区域类型来说,47.69% 的样本选择城郊型的旅游地,42.13% 的选择乡村型的旅游地,仅有23.15% 选择城市型;就旅游地的级别来说,41.20% 的样本不看重旅游地的级别,27.78% 偏好国家级旅游地,16.67% 选择省级旅游地,1.19% 和 8.80% 分别选择国际级和地方级的旅游地。

从一份对深圳自驾车旅游者的调查数据来看,深圳 2004 年"五一黄金周"

94.2%的自驾车旅游者是省内游,其中市内 36.4%,市外省内 57.8%。

以上的研究数据对旅游景区的宏观布局规划有很大的指导意义。首先,单边距离的统计结果反映了在距离重要旅游客源地 200～300 km 的范围内规划建设或者发展完善对自驾车旅游者具有吸引力的旅游目的地是非常具有潜力的。在道路情况正常的地方,200～300 km 的路程大约耗时 3 个小时,可以从以上不同地点的调查数据比较得知,各地旅游者的情况基本一致。同时,中国自驾车旅游者出行主要是开展观光与休闲活动,两者比例相差无几。观光与自然资源关系密切,位置与距离既定,资源条件能够改善的空间不大,而休闲活动主要依赖合理的开发建设。因此,如果宏观布局得到合理规划,使观光与休闲有机结合,为自驾车旅游者提供丰富多样的旅游体验,往往能产生"1＋1＞2"的优势。鉴于以上原因,建议在开发自驾车旅游产品的时候积极开展区域合作,在合理配置城市周边休闲度假旅游区、乡村型旅游地和风景名胜区的同时,加强跨区域合作,尤其是区域结合部,往往因为不受重视,经济发展缓慢,但自然条件却相对破坏较少,通常是自驾车旅游的黄金地带。

长三角地区因为交通条件好,经济基础优越,是自驾车旅游潜力极大的区域。沪宁高速全程行驶时间在 3.5 小时左右,沪杭高速为 2 小时左右,宁杭高速为 3 小时左右。这样,整个区域内部以 3 条优质高速公路为框架,以高质量的国道、省道为网络,形成了"外环线"和"内环线"的良好交通格局。只要抓住合理布局、突出地方特点、开发优质旅游产品,该区域将成为中国自驾车旅游消费的支柱。

2. 微观布局研究

微观布局研究主要是指旅游景区内部如何为自驾车旅游者提供合理的空间。自驾车旅游者个性化的需求往往使他们避开普通旅游者,追求更新奇的体验。因此,在旅游景区规划的时候,要在提供正常功能的同时,积极考虑如何满足自驾车旅游者个性化的要求。

由于当前旅游景区普遍有环境保护的严格规定,一般都采取进入景区后换乘景区交通工具,以减少汽车尾气对景区环境的影响。因此,如果要在旅游景区内部开发自驾车旅游线路,就需要规划专门区域并严格控制容量。同时,建议将自驾车旅游者入口与普通旅游者入口分开。从旅游者心理角度看,自驾车旅游者原本就具有避开普通旅游者的心理，而且他们可以从更偏僻的位置进入景区；从管理和提供服务角度看，对自驾车旅游者的管理可以同普通旅游者相区别，同时，自驾车旅游者所需要的服务也与普通旅游者有别；从进出景区的角度看，普通旅游者需要公共交通工具的支持，一般出入口合一，而自驾车旅游者更希望不走回头路，因此出入口可以分开。

关于旅游景区如何提供自驾车旅游线路，应该根据景区具体的情况加以规划，在严格评估景区承载能力和景区地理环境的前提下，尽可能满足自驾车旅游者独特的体验需求。同时，如果通过深入分析景区之间的相互关系，使个体景区的规划与景区间的合作甚至区域旅游合作相协调，则更有利于景区发展。

11.2.2　旅游景区产品规划

要设计自驾车旅游产品，首先要了解自驾车旅游者出游方式。根据曹新向等调查统计，自驾车旅游者采取随团出游（旅行社组织）方式的占 74%，参加汽车俱乐部等组织的旅游方式的占 17%，采取结伴旅游方式的占 8.5%，采取单车出游方式的只占 0.5%。而彭援军的调查表明[1]，自驾车旅游组织者 36%由汽车俱乐部担任，29%由旅游汽车公司来充当，旅行社组织占 20%，汽车租赁公司占 10%，其他占 15%。

由此可见，有组织的自驾车旅游在自驾车出游中占有很高的比例，这反映了当前国内自驾车旅游产品的主要现状。旅行社、汽车俱乐部等组织的自驾车旅游活动一般都围绕某一主题召集旅游者开展活动，旅游线路也依此主题设计，不同时间推出不同主题，通过穿插安排丰富的主题和线路带给自驾车旅游者不同的出行体验。针对这种类型的自驾车旅游方式，加强相同主题的旅游景区之间的合作将具有巨大的市场潜力。由于 300 km 范围内资源同质性比较明显，且旅游者比较容易发现自然景观的差异，因此，自驾车旅游组织者在选择旅游目的地时，深入发掘景区的文化特质将成为主题线路选择的一个重要因素。这种有主题的自驾出行活

---

① 彭援军. 在自驾车旅游中寻找商机［EB/OL］. www.ctaca.com/newhtml/content.asp? NewsID＝814-6k.

动,单边距离时常会超过 500 km,这不仅是区域旅游的重要内容,也具有明显的跨区域旅游特征。

对于结伴出行和单车出行的自驾车旅游者来说,自驾线路上的主题统一性并没有很高的要求,但他们仍然对旅途中间的旅游体验非常看重。从以上统计数据可以看出,近半数的人并不看重旅游目的地的级别,对旅游目的地选择非常苛刻的自驾车旅游者仅占 1.19%,这可以反映出自驾车旅游是以休闲为主要目的的。因此,旅游景区在休闲产品的设计上应该多花心思,提供种类繁多、品质上乘的休闲服务将在景区能否吸引自驾车旅游者的方面发挥重要作用。

1. 自驾车旅游导向的观光旅游产品规划建议

对自驾车旅游来说,观光旅游产品的规划要尽可能考虑旅游者的需求和自驾车出行两个方面的特点。在允许外部交通工具进入的旅游景区内,可选择沿路视野忽远忽近的位置设计车行道路,利用山体、植物的开敞与围合的转换增加视觉冲击和景观对比,在视野开阔处适当考虑停车的需要。同时,为了尽量减少道路与车辆对环境及自然景观的影响,在保证景区内部道路能满足景区内部交通需要的前提下,尽可能将道路面积降到最低限度。另外,由于旅游景区内风景优美的景点既是自驾车旅游者希望体验的,也是大众旅游者希望领略的,但大多数旅游景区做不到将自驾车旅游者与大众旅游者完全分开,为此,在旅游景区规划的时候,可以考虑离开道路架设栈道以求满足旅游者步行流动的要求,并在非停车点车行道路旁尽量高密度种植高低错落的植物,不但能遮挡道路与车辆,还能给旅游者柳暗花明的视觉感受。

对于大众旅游者较少到达的偏僻景点,沿途尽量减少建筑物以保证车行观赏和停车观赏的需要。旅游景区规划中,合理安排服务点,不但能够使自驾车旅游者观赏风景更加尽兴,并保证他们观赏之外的服务需求得到满足,还能够有效控制自驾车旅游者在旅游景区内的流动和停留情况。同时,可以适当增添一些娱乐性体验,例如穿过小瀑布、过水路面或者穿过小木桥的道路,都能够增加旅游者在景区内的自驾趣味,达到增强自驾车旅游体验的目的。

从区域旅游角度来看,相互地理位置比较临近的自然资源旅游景区,应该加强横向合作联系,统一规划设计自驾车旅游导向的观光旅游产品,拉动自驾车旅游者在规划设计好的更长线路上去体验相关产品。

2. 自驾车旅游导向的文化旅游产品规划建议

提高旅游景区的文化氛围是目前旅游景区规划设计的普遍策略。面向自驾车旅游的文化旅游产品,其主题特色则表现得更加突出,往往会更深入地发掘文化内涵,更多地考虑文化的影响力,同时也会将时间和空间延伸到更广的范围中,从而产生巨大的吸引力。以单边距离统计数据为约束条件,深入挖掘区域内的文化线索将是未来自驾车旅游的一项重要活动内容。以长三角区域为例,吴越文化、徽州文化等是区域内的自驾车旅游的重要文化吸引物。当然,文化线索有很多种,如果自驾车旅游线路上,能包含多种文化旅游产品,形成对比又相互串联,则能产生特殊的旅游体验。

另外,自驾车旅游者在时间和路线上比大众旅游者有更大的灵活性,他们往往可能因为希望更深入的体验某地的文化气质而停留更长的时间,或者因为想亲身体会品味某地的生活感受而住上几日。这就对旅游产品的体验性和参与性提出了更高的要求,因为自驾游者更容易发现大众旅游者走马观花无法发现的很多问题,并对粗制滥造的文化、建筑景观格外敏感。要想得到他们的认可,旅游景区的开发就要更加注重打造"原汁原味"的旅游产品。

除了原有文化特色之外,在现代旅游中还有一些新的元素可以融入自驾车旅游产品中。比如国外关于影视文化产品的自驾车旅游产品较丰富,借助电影文化主题可以让自驾车旅游者体验镜头中的世界。长三角有许多影视基地,完全可以借鉴国外经验,针对自驾车旅游者开发相关的旅游产品甚至多个景区,可以合作联合开发真正受到自驾车旅游者欢迎的影视文化旅游产品。除此之外,还可以积极规划开发事件旅游产品,借助事件串联不同景区或旅游城市,以吸引自驾车旅游者参与其中。

从区域旅游角度上看,文化的区域性特征非常明显,文化常常不是某一个景点可以独自垄断的。因此,在开发自驾车旅游导向的文化旅游产品时,有必要加强区域文化的共创与完善,争取在多角度上给自驾车旅游者带来多重文化体验。

3. 自驾车旅游导向的度假旅游产品规划建议

从上面的统计数据可以知道,度假旅游产品在自驾车旅游中占有重要份额。

统计数据显示,41.20%的自驾车旅游者不看重旅游地的级别,而是找个喜欢的地方度假,缓解城市工作与快节奏生活的压力,让身心得到充分休息。因此,针对这类旅游产品的规划,重点在提供优质的休闲设施和优美的休闲环境。另外,要充分利用各地的旅游资源开发休闲产品。此类型的旅游产品虽然在普通旅游者与自驾车旅游者之间并没有明显区别,但是有优质资源的旅游目的地往往不在城市,距离的远近和交通的便利程度对旅游者前来消费的次数影响很大。自驾车旅游者由于拥有自己的交通工具,到度假区消费的机会通常多于普通旅游者,并且在挑选休闲目的地的时候有更多的选择。因此,一个休闲旅游地应该特别重视自驾车旅游者的需求,为其提供高品质的休闲产品,争取更多的回头客,提高旅游地收益。

从区域旅游角度上看,度假旅游产品应该力争突出自身所拥有的资源优势,在区域内部争取错位发展,提供差异化的休闲度假产品。同时,仍然需要增加区域联合,使自驾车旅游者在区域内产生多种体验需求并满足需求,在服务水平上也可以更上一层楼。

4. 驾驶体验旅游产品

在自驾车旅游者中,对驾驶体验非常热衷的人占很大比重,尤其是男性格外突出。征服各种类型的道路,追求刺激的驾驶乐趣,展现个人英雄情结,成为他们自驾车出行的一个重要动机。针对这一类型的自驾车旅游者,景区可以规划相应区域用以建设驾驶体验项目,甚至大型游乐园可以以此为内容建设驾驶体验园。

5. 夜间娱乐产品

自驾车旅游者往往会选择一个夜晚娱乐项目丰富的旅游景区作为过夜的目的地。旅游景区不但要为旅游者提供在夜晚可以聚集畅谈交流的公共空间,还要为旅游者提供在夜晚可以参与的娱乐项目。在少数民族地区,景区往往会组织民族舞蹈和歌唱活动,在非少数民族地区,地方民俗也可以成为夜间娱乐项目的重要来源。除此之外,旅游景区还可以根据自身情况开展更多现代娱乐活动。例如,海边旅游区可以开展夜晚的沙滩排球、沙滩足球活动,江南水乡可以开展夜晚游园活动。由于旅游者白天在欣赏风景和参观民俗,夜晚不便开展观赏活动,所以在晚上开展娱乐活动来丰富旅游者的旅游生活非常重要。

11.2.3 市场供给面规划

1. 自驾车旅游者在旅游景区的住宿

对自驾车旅游者来说,车是他们出行赖以依靠的交通工具。因此,在为自驾车旅游者规划考虑住宿问题的时候,一定要将车作为一项重要的因素。汽车旅馆是最普遍的一种方式,国外的汽车旅馆大多采用围合空间方式,中庭作为停车之用,这样可以保证车辆离旅游者的距离尽可能接近,以方便旅游者随时取放所需物品,同时也便于车辆进出的管理,提高整体的安全性。尤其是有条件将自驾车旅游者与大众旅游者出入口分开的旅游景区,在出入口附近规划建设别具地方风情的汽车旅馆,也会成为旅游景区的一大卖点。除了汽车旅馆之外,国外旅游景区还建设了各种类型的汽车营地。汽车营地有多种形式,有的直接开辟空旷场地,自驾车旅游者以车辆为夜宿空间,也有规划一定场地,建设轻型建筑物,提供住宿所需的多种服务。世界房车露营大会(FICC)已经有 70 多年的历史,目前已拥有 58 个会员国,每年轮流在文化旅游资源丰富的世界各城市举行,被人们称之为"文化奥运会"。据统计,目前中国台湾地区的汽车露营营地有 160 个左右,年举办周末露营活动 50 多次,并经常举办知性之旅、古迹之旅,使露营者从中得到学习;澳大利亚昆士兰地区大约有 365 个;2002 年,蒙古国已登记营地有 118 个;欧洲各国营地总数已超过 5 万个;日本拥有营地 1 500 余个;韩国政府自从 2001 年举办完第 64 届国际露营大会后,已由政府投资以每年 10 个的速度在国内开展营地建设;美国有 2 万个左右的公共、私有营地[①]。我国正处于自驾车旅游高速发展的阶段,但汽车露营在我国却刚刚起步,露营地建设更是一片待开发的处女地。规范的汽车露营地应该包括帐篷露营区、房车露营区等设施,可以为房车提供外接电源,保证车内电器的正常工作;能够提供上水,保证饮用水和淋浴等生活用水;还要有排污接口,将房车的污水废物汇集到营地整体的排污系统中。从某种角度来看,一方面,汽车营地是自驾车旅游的重要配套设施;另一方面,它可以直接成为一项旅游产品,成为

---

① 国外汽车露营旅游发展现状[EB/OL]. http://www.davost.net/Item? id=1153202510034&tmp=luying.

旅游景区吸引自驾车旅游者前来旅游的重要旅游吸引物。目前,在汽车露营推广方面已经进行了一定的规划,提出了"三圈两线"("三圈"是指首都经济圈、长江三角洲经济圈和珠江三角洲经济圈;"两线"是指东南沿海线和丝绸之路线)的概念。

2. 自驾车旅游者在旅游景区的餐饮

享受美味而具有地方特色的餐饮是自驾车旅游者的普遍愿望。除了休闲度假区原本就将餐饮功能作为所提供服务的重要一个环节之外,其他大多数旅游景区的餐饮功能仅限于向大众旅游者提供快捷廉价的伙食,这种景区餐饮无法满足自驾车旅游者的需求。由于自驾车旅游者时间相对宽裕,为了品尝地方特色饮食可以延长停留时间,但停留时间的延长又可能带来深度消费。因此,饮食既是满足自驾车旅游者体验的重要一个环节,也是促进旅游景区增加消费收入的重要影响因素。

另外,由于自驾车出行携带物品方便,因此,旅游景区对于特色餐饮品种应重视食品的包装,尤其是地方土特产。便于汽车携带的包装能够促进旅游者购买,并成为自驾车旅游者再次来此消费的一个动机。

3. 为自驾车旅游者提供的景区交通服务

对自驾车旅游来说,交通服务能否满足车辆行驶的需要是自驾车旅游者选择出行路线时特别重要的影响因素。完善的交通服务体系是旅游景区开展自驾车旅游的必备前提。

(1)交通标志。建立和完善统一醒目的交通标志以及景区景点标示。相对普通旅游者来说,自驾车旅游者更需要完善的交通标志,尤其是面积较大、内部道路复杂的景区,没有完善的交通标志和导向指示牌,会给自驾车旅游者带来很大的不便,甚至在景区内造成交通事故。除了景区内部的交通标志要完善以外,主要的高速、国道、省道的出口及转向景区的主要路口都必须有导向指示牌。

(2)停车场所的设置。为了便于自驾车旅游者离开车辆游览及参与景区活动,必须在合适的地方设置停车场所,同时兼顾自驾车与景区交通的换乘方便。停车场所的设置要遵循不影响景区景观、大小适宜、利用充分、管理到位、使用方便等原则。

4. 车辆服务的设置

在整个自驾车出游过程中,车况决定了旅程能否顺利完成,甚至涉及人身安全问题。因此,为了给自驾车出行提供保证,缓解旅游者的忧虑,旅游景区应配备相应的车辆服务。

车辆服务内容应该包括汽车的检查和维修、补充汽油和水箱等。除此以外,在车辆服务场所还应该配备人性化的休息服务,甚至包括临时车辆租赁服务。良好周到的服务能使自驾车旅游者来此处游览消费产生安全感。

5. 自驾车旅游导向的信息服务

随着计算机与网络的快速普及,信息服务已经走入千家万户。在当前,信息服务已经成为人们的日常需求,为了获得更多的信息,人们已经能够熟练使用网络及其他信息工具。

对自驾车旅游者而言,所提供的信息服务包括出行前、路程中和旅程结束之后三部分。

自驾车旅游者出行前的信息服务主要是对自驾路线、旅游景区概况、道路现状、自驾活动信息发布等方面的信息查询。就此而言,旅游景区应该做好自己的网页,相关旅游管理部门应该定期出版包含各方面最新内容的自驾车出行手册,旅行社和汽车俱乐部应该协助宣传,做到多方面力量联动服务,共同为自驾车旅游者提供涵盖面广、内容翔实的出行信息,以求刺激自驾车旅游者的潜在需求并协助完成自驾车旅游者制订出行计划。

自驾车旅游旅途中的信息服务包括导向服务、道路即时情况报道等方面内容。随着信息技术的不断发展,导向服务已经被广泛应用,车载 GPS 系统已经成为自驾车旅游者普遍使用的工具。从旅游景区角度来看,应该争取与 GPS 服务商合作,不但要提供更全面的旅游景区可达性指向服务,还要争取向自驾车旅游者提供更详细的景区内部交通的指向信息服务,尽量在 GPS 上标示出更详细的景区导向图和相关信息。

自驾车旅游旅程结束后的信息服务主要是客户资料的保存与更新、针对老顾客的新活动信息发布。目前参与自驾车旅游的人大多数是经济收入较好、社会地位较高、思想观念超前的这部分人群。这一群体的特点是消费能力强、重游概率高、顾客忠诚度容易培养。因此,旅游景区应收集这部分人群的详细信息,通过建立 CRM(客户关系管理系统)完善对自驾车旅游者的跟踪服务,根据对方特点提供个性化的服务,从而促进自驾车旅游的持续增长。

11.3 结语

自驾车旅游将是中国未来旅游的重要形式之一,同样,自驾车旅游者将是中国未来旅游者的重要组成群体。由于自驾车旅游将带动与汽车相关的服务项目快速发展,因此自驾车旅游这种形式也将为旅游业界以外的社会各界所重视。2007 年 4 月 20 日下午,作为 2007 年中国国内旅游交易会的"重头戏",由上海市旅游事业管理委员会、浙江省旅游局、江苏省旅游局共同主办的"中国自驾车旅游合作与发展论坛"在苏州隆重举办。来自国家旅游局、中国旅游车船协会、国内各主要汽车俱乐部的负责人、江苏乡村旅游示范景区负责人、长三角旅游度假区、主题公园和旅游学术界、新闻媒体等方面的代表共 200 多人汇聚古城姑苏,谋划自驾车旅游产业健康发展的新蓝图,共同探讨自驾车旅游与社会主义新农村、乡村旅游和谐发展的新未来。这是国内首次以自驾车旅游为主题开展旅游合作发展论坛,由政府搭建旅游市场供需对话平台,用专项旅游产品对接新兴客源市场,此举在旅游界和新闻界引起了巨大反响,新华社、中新社、《中国旅游报》、旅游卫视、新浪网等主流新闻媒体纷纷派出记者现场采访。会上,中国汽车流通协会汽车俱乐部分会与江苏的乡村旅游景区点负责人签订了合作创建第一批汽车自驾游基地的协议;国家旅游局和江浙沪旅游主管部门的领导向长三角地区的汽车俱乐部和车友会负责人当场赠送了江浙沪"旅游护照"和最新版《江浙沪旅游交通图》,标志着我国自驾车旅游景区景点等基地建设得到了国家的重视。

中国私家车的保有量已近 2 000 万辆①,自驾车旅游市场潜力巨大,发展前景广阔。自驾车旅游具有消费水平高、人数众多、参与性强、主题多样、传播能力强等

---

① 这里是指 2007 年的数据。据 2018 年统计,我国私家车的保有量超过 1.8 亿辆。

特点，自驾车旅游将成为国内旅游的庞大消费主体，成为国内旅游新的增长点；建立有效渠道引导自驾旅游者有针对性地选择适合自驾的景区、景点，促进景区、景点在设施建设及服务配套上能更适合自驾旅游者的特殊需求，可以推动自驾车旅游这种新的旅游方式健康、有序地发展，从而使方兴未艾的自驾车旅游市场更好地为蓬勃发展的国内旅游市场注入新的活力。

参 考 文 献

［1］保继刚.主题公园发展的影响因素系统分析［J］.地理学报,1997(3)：237-245.

［2］北京大学世界遗产研究中心.世界遗产相关文件选编［G］.北京：北京大学出版社,2004.

［3］卜奇文,高远.主题公园发展探索［J］.旅游论坛,1999(4)：56-59.

［4］曹新向,雒海潮.我国自驾车旅游市场的开发［J］.西北农林科技大学学报(社会科学版),2005,5(2)：87-91.

［5］陈传康,李蕾蕾.我国风景旅游区和景点旅游形象之策划(CI)［C］//陈传康.陈传康旅游文集.青岛：青岛出版社,2003：231-257.

［6］陈传康,王新军.海南岛旅游开发与投资走向［J］.地理学与国土研究,1995(1)：29-36.

［7］陈传康,王新军.神仙世界与泰山文化旅游城的形象策划(CI)［J］.旅游学刊,1996(1)：48-52.

［8］陈凌云.多元文化的相互渗透与共存——兼论无形文化遗产的流失与保护［J］.江南论坛,2004(4)：41-42.

［9］陈南江.旅游开发的主题和文脉［J］.规划师,1998(4)：65-68.

［10］陈乾康.自驾车旅游市场开发研究［J］.旅游学刊,2004(3)：67-69.

［11］陈卫东.区域旅游房地产开发研究［J］.经济地理,1996(3)：86-90.

［12］崔痒.自然保护区旅游开发与环境保护［J］.国土与自然资源研究,1999(1)：54-57.

［13］丁名申,钱平雷.旅游房地产学［M］.上海：复旦大学出版社,2004.

[14] 董观志. 旅游主题公园管理原理与实务[M]. 广州：广东旅游出版社,2000.

[15] 方躬勇,李健,马莉. 中国自然保护区生态旅游开发对策[J]. 东北林业大学学报,2003
(4)：56 - 57.

[16] [美]菲利普·科特勒. 市场营销管理(亚洲版·上)[M]. 郭国庆,等译. 北京：中国人民
大学出版社,1997.

[17] 韩克华. "95 全国人造景点研讨会"发言摘要[J]. 中国旅游,1995(4)：25 - 30.

[18] [德]汉斯·萨克塞. 生态哲学[M]. 北京：东方出版社,1991.

[19] 翦迪岸. 试论人造旅游景区的建设经营与创新发展[J]. 旅游学刊,2000(4)：28 - 32.

[20] 李长坡. 当前我国房地产的问题及对策[J]. 许昌学院学报,2003(2)：56 - 69.

[21] 李翅. 走向理性之城——城市化进程中的城市新区发展与增长调控 [M]. 北京：中国
建筑工业出版社,2006.

[22] 李蕾蕾. 城市旅游形象设计初探[J]. 旅游学刊,1998(1)：47 - 49.

[23] 林美珍. 论文物保护与文脉的传承与中断——兼与《旅游学刊》笔谈中某些观点商榷
[J]. 旅游学刊,2004(5)：25 - 29.

[24] 刘滨谊. 旅游规划三元论——中国现代旅游规划的定向·定性·定位·定型[J]. 旅游
学刊,2001(16)：55 - 58.

[25] 刘峰. 新时期中国旅游规划创新[J]. 旅游学刊,2001(20)：5.

[26] 刘湘溶. 生态伦理学[M]. 长沙：湖南师范大学出版社,1992.

[27] [美]刘易斯·芒福德. 城市发展史——起源、演变和前景[M]. 宋俊岭,倪文彦,译. 北
京：中国建筑工业出版社,1999.

[28] 卢良恕,沈秋兴. 韩国农业发展与新乡村运动[J]. 中国农学通报,1997(6)：6 - 8.

[29] 马克思,恩格斯. 马克思恩格斯全集：第 20 卷[M]. 北京：人民出版社,1971.

[30] 马文龙. 深圳华侨城经验对大庆市五湖地区开发建设的启示[J]. 大庆社会科学,2004
(6)：12 - 13.

[31] 牟红,姜蕊. 旅游景区文脉、史脉和地脉的分析与文化创新[J]. 重庆工学院学报,2005
(2)：69 - 70.

[32] 牟红. 旅游景区规划多维视角的纵向转换[J]. 经济论坛,2004(5)：146 - 147.

[33] 倪鹏飞. 中国城市竞争力报告[M]. 北京：社会科学文献出版社,2004.

[34] 裴沛. 旅游规划研究发展趋势[J]. 合作经济与科技,2005(10)：37 - 38.

[35] 山禾. 什么是生态旅游[J]. 信息导刊,2004(16)：6 - 7.

[36] 石获. "自驾旅游"方兴未艾[J]. 汽车俱乐部,2007(4)：10.

[37] 宋伟,郑向敏. 自驾车旅游研究[J]. 云南地理环境研究,2005,12(5)：66 - 72.

[38] 宋向光. 无形文化遗产对中国博物馆工作的影响[J]. 中国博物馆,2002(4)：41 - 48.

[39] 谭颖华. 旅游形象定位的多维视角透视——以南阳市卧龙区为例[J]. 南阳师范学院学
报,2005,4(6)：79 - 83.

[40] 唐子颖. 发展中国家的城市增长和新城规划——德黑兰大都市区案例研究[J]. 国外城

市规划,2003(2):6-7.

[41] 陶希东. 国外新城建设的经验与教训[J]. 城市问题,2005(6):98.

[42] 田先钰,覃睿. 新都市主义与新市镇建设理论:理论演进及其基本涵义[J]. 天津科技, 2007(1):68-70.

[43] 万年春. 乡土散文新的审美维度的构建——论刘亮程散文的言说方式[J]. 南阳师范学 院人文社会科学学报,2006(4):65-66.

[44] 王献溥. 保护区发展生态旅游的意义和途径[J]. 植物资源与环境,1993(2):49-54.

[45] 王欣. 主题公园的发展现状、问题与对策[J]. 商业经济与管理,2000(4):28-30.

[46] 王学峰. 旅游产品创新的基本问题探析[J]. 山东师范大学报,2002(4):58-61.

[47] 魏峰群. 论旅游驱动型房地产经济的发展——以深圳华侨城、西安曲江房地产开发为 例[J]. 城市规划,2006(05):85-86.

[48] 文军,唐代剑. 乡村旅游发展研究[J]. 农村经济,2003(10):30.

[49] 文军,魏美才. 我国自然保护区旅游开发的生态风险及对策[J]. 中南林业调查规划, 2003(4):41-44.

[50] 吴必虎. 区域旅游规划原理[M]. 北京:中国旅游出版社,2001.

[51] 吴尔娜,王向阳,蒋丽君. 心理错觉在景区规划中的应用[J]. 桂林旅游高等专科学校学 报,2006(06):52-54.

[52] 吴浩. 徽州文化旅游产品应树立独立的市场形象[J]. 旅游调研,2003(12).

[53] 吴巧新. 长三角地区自驾车旅游市场的开发条件分析[J]. 江苏经贸,2005(12): 15-16.

[54] 吴晓携. 文化遗产旅游的真实性困境研究[J]. 思想战线,2004(2):82-87.

[55] 武友德. 文化与旅游互动机理探析[J]. 云南地理环境研究,2004(6):44-47.

[56] 肖星. 旅游资源与开发[M]. 北京:中国旅游出版社,2002.

[57] 肖云. 风景名胜区景区规划概念及其模式初探[J]. 山西建筑,2007(9):34-35.

[58] 谢凝高. 国家重点风景名胜区规划与旅游规划的关系[J]. 规划师,2005(5):5-7.

[59] 熊元斌,李艳. 城市主题公园客源市场开发与营销策略[J]. 重庆商学院学报,2001(6): 59-61.

[60] 杨广虎. 中国旅游房地产的几个问题[N]. 中国旅游报,2003-03-26.

[61] 余艳琴,赵峰. 我国旅游房地产的可行性和制约分析[J]. 旅游学刊,2003(5):74-77.

[62] 袁兴中,刘红. 我国自然保护区的生态旅游开发[J]. 生态学杂志,1995(4):36-40.

[63] [美]约翰·阿切尔. 美国浪漫色彩郊区中的乡村和城市[J]. 周武忠,译. 北京园林, 1992(1):25-33.

[64] [英]约翰·斯沃布鲁克. 景点开发与管理[M]. 张文,等译. 北京:中国旅游出版 社,2001.

[65] 翟向坤. 中国发展自驾车旅游的战略思考[J]. 北京第二外国语学院学报,2003(5):54.

[66] 张斌. 我国生态旅游的几个误区[J]. 环境保护,2002(7):27-29.

[67] 张鸿雁. 城市形象与城市文化资本论——中外城市形象比较的社会学研究[M]. 南京：东南大学出版社,2002.

[68] 张文彬. 全球化、无形文化遗产与中国博物馆[J]. 中国博物馆通讯,2002(11)：101-104.

[69] 章尚正,陈杜娟,朱小莉. 屯溪老街的地脉、文脉、商脉优势及其旅游开发[J]. 安徽职业技术学院学报,2006(3)：27-30.

[70] 赵凡. 图文版世界通史(上卷)[M]. 北京：光明日报出版社,2001.

[71] 赵飞羽,范斌,方曦来,等. 地脉、文脉及旅游开发主题[J]. 云南师范大学学报,2002(6)：83-87.

[72] 赵荣,郑国. 论区域旅游规划中的景观文脉整合[J]. 人文地理,2002(4)：89-91.

[73] 赵学彬. 巴黎新城规划建设及其发展历程[J]. 规划师,2006(11)：97.

[74] 郑耀星,储德平. 区域旅游规划、开发与管理[M]. 北京：高等教育出版社,2004.

[75] 周惠. 都市自驾车旅游市场需求特征研究[J]. 长沙大学学报,2005,19(6)：25-27.

[76] 周武忠. 旅游定位与城市新区开发——以湖州东方好园风景旅游区为例[J]. 东南大学学报(哲学社会科学版),2005(1)：72-77.

[77] 周武忠. 农村园林化探索[J]. 中国园林,1998(5)：6-9.

[78] 周武忠,王克胜. 北美旅游景观对扬州瘦西湖新区规划建设的启示[J]. 东南大学学报(哲社版),2006(2)：71-74.

[79] 周武忠. 文化遗产保护和旅游发展共赢[J]. 艺术百家,2006(Z1)：73-79.

[80] 周武忠. 新乡村主义与三生和谐型社会主义新农村建设[J]. 跨文化交流,2007(1)：73-76.

[81] 周向频. 主题园建设与文化精致原则[J]. 城市规划汇刊,1995(4)：13-21.

[82] 朱诚如. 文化遗产概念的进化与博物馆的变革[J]. 中国博物馆通讯,2002(11)：80-84.

[83] AIA, New towns in America：the design and development process [M]. New York：John Wiley & Sons, 1983.

[84] ANDERECK K L, GALDWELL L L. Variable selection in tourism market segmentation model [J]. Journal of Travel Research, 1994(33)：40-46.

[85] HOLDEN A. Achieving a sustainable relationship between common pool resources and tourism：the role of environmental ethics [J]. Journal of Sustainable Tourism, 2005(3)：339-352.

[86] BRANDON K. Basic steps towards encouraging local participation in nature tourism projects [J]. (Ed Linberg & Hawkins). VT the Ecotourism Society, 1993(1)：134-151.

[87] BROHMAN J. New directions in tourism for third world development [J]. Annals of Tourism Research, 1996,23(1)：48-70.

[88] BRUNER E M. Transformation of self in tourism [J]. Annals of Tourism Research,

1991(18): 20 - 28.

[89] BUTLER R W. Concept of a tourist area cycle of evolution [J]. Canadian Geographer, 1980(1): 5 - 12.

[90] DANIEL T C, BOSTER R S. Measuring landscape esthetics: the scenic beauty estimation method [C]//USDA Forest Service Research. Range Experiment Station, 1976: 66 - 167.

[91] DERNOI L A. About rural & farm tourism [J]. Tourism Recreation Research, 1991,16 (1): 3 - 6.

[92] GALLARZA M G, SAURA I G, GARCIA H C. Destination image: towards a conceptual framework [J]. Annals of Tourism Research, 2002(1): 56 - 78.

[93] ARCHER J. Country and city in the American romantic suburb [J]. Journal of the Society of Architectural Historians, 1983(2): 139 - 156.

[94] JOHNSTON R J. Philosophy and human geography: an introduction to contemporary approaches [M]. London: EdwardArnold, 1986.

[95] CAMPBELL L M. Ecotourism in rural developing communities [J]. Annals of Tourism Research, 1999(3): 534 - 553.

[96] HALL P. New town: the British experience [M]. London: The Town and Country Planning Association by Charles Knight & Co. Ltd, 2001.

[97] PIKE S. Destination image analysis-a review of 142 papers from 1973 to 2000[J]. Tourism Management, 2002(23): 541 - 549.

[98] BUCKLEY R. The effects of world heritage listing on tourism to Australian National Parks [J]. Journal of Sustainable Tourism, 2004,12(1):70 - 84.

[99] RYAN C. Recreational tourism: a social science perspective [M]. London: Routledge, 1991.

[100] WEBER A. The growth of new towns in the western countries [M]. New York: Oxford University Press, 1985.

[101] ZHOU Wuzhong. The exploration of rural landscape in China [J]. XXV International Horticultural Congress, 1998(8): 2 - 7.

[102] ZINS A H. Leisure traveler choice models of theme hotels using psychographics [J]. Journal of Travel Research, 1998(36): 3 - 15.

后　记

　　这本书稿是对我在东南大学建筑学博士后流动站工作期间（2003—2007年）所做工作的总结，还算不上一部系统性强、有理论深度的学术著作。在与导师王建国教授（中国工程院院士）合作研究的过程中，特别是在东大建筑学院浓厚的学术氛围里，我不仅学到了较为系统的城市（景园）规划设计理论和研究方法，更重要的是学到了认真、务实的科学态度和严谨、创新的治学方法。王老师经常教导我不能就规划论规划，而是要在实践中求创新，并把规划实践中的所思所得及时总结提炼，上升到理论高度，才形成了今天的成果。因此，在本书付梓之际，我首先要感谢恩师王建国教授。

　　同时，我要感谢给予指导和帮助的东南大学建筑学院的朱光亚教授、安宁教授、陈薇教授、董卫教授、韩冬青教授、阳建强教授、李芳芳老师，东南大学艺术学院的凌继尧教授、陶思炎教授、王廷信教授、徐子方教授、谢建明教授，以及东南大学人文学院的樊和平教授、张玉汉教授、董群教授、喻学才教授、闫卓教授、张天来副教授、王金池副教授、黄羊山副教授、季玉群博士。

　　我的研究生茅昊、洪静、李辉、曾超、袁凯、邵文明、尚凤标、朱依念、黄玉梅、孟芳、刘红纯、童欣、朱剑峰、郭尧、宋仪艳、冯欣、闫妮、徐茜以及江苏东方景观设计研究院的陈宇、俞波、周成、孔令高、倪丹青等全体同仁,帮我做了大量的工作;江苏省旅游局、浙江省旅游局、南京市旅游局,以及扬州、杭州、黄山、无锡、镇江、丹阳等地旅游部门的领导和朋友在博士后工作期间给予我全力支持,在此一并表示衷心感谢! 特别感谢我的夫人陈筱燕女士,是她的理解和支持才使我的博士后工作得以顺利完成!

　　需要说明的是,书中列举的案例内容并非是规划成果的全部;规划的成果要求可参考国家有关规范。特别是修建性详规,考虑到著作权和篇幅的限制,不少设计图纸无法收入本书,请读者朋友谅解。

周武忠

2019 年 5 月 28 日于上海交通大学

景源分析——南通狼山景区现状分析图

南通狼山景区近期规划总图

南通狼山景区远期规划总图

南通狼山景区东入口区规划鸟瞰

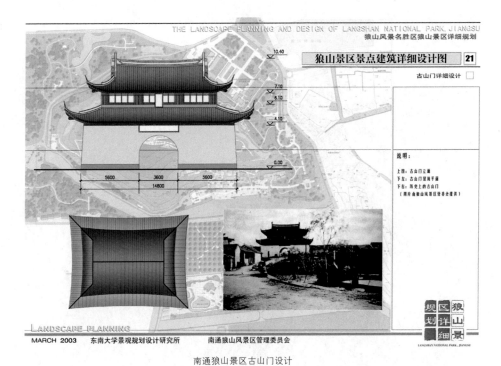

狼山景区景点建筑详细设计图 21

古山门详细设计 □

说明：

上图：古山门立面
下左：古山门屋顶平面
下右：历史上的古山门
（照片由狼山风景区管委会提供）

10.40
7.10
6.10
4.10
0.00

5600 3600 5600
14800

LANDSCAPE PLANNING

MARCH 2003　东南大学景观规划设计研究所　南通狼山风景区管理委员会

LANGSHAN NATIONAL PARK, JIANGSU

南通狼山景区古山门设计

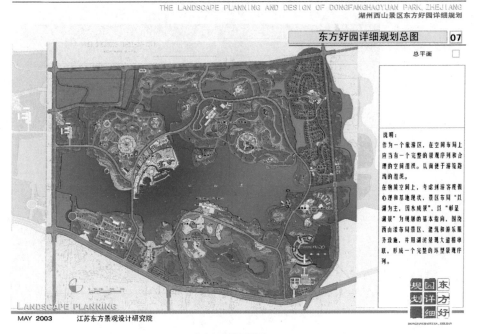

东方好园详细规划总图 07

总平面 □

说明：

作为一个旅游区，在空间布局上应当有一个完整的景观序列和合理的空间组织。从而便于游览路线的组织。

在构图空间上，考虑到游客度假心理和基地现状，景区布局"以湖为主，因水成景"，以"帽呈湖景"为规划的基本指向，围绕西山滨布局景区、建筑和游乐服务设施，并用湖滨景观大道相串联，形成一个完整的环型景观序列。

LANDSCAPE PLANNING

MAY 2003　　江苏东方景观设计研究院

DONGFANGHAOYUAN, ZHEJIAN

东方好园总平面图

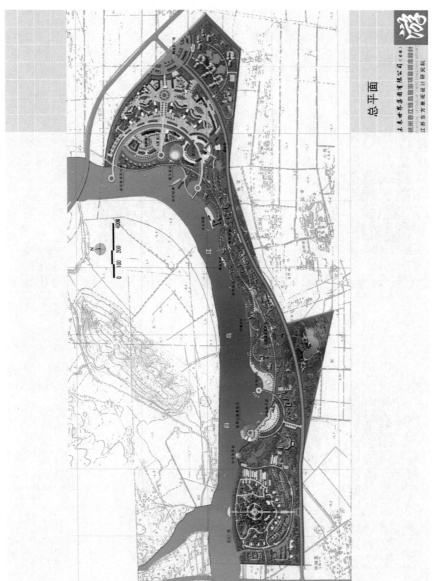

总平面

主要世界景园有限公司（美国）
杭州春江绿岛旅游项目概念设计
江苏东方景观设计研究院

PLANNING DESIGN OF CHUNJIANGLVDAO RESORT   2002.10

杭州春江绿岛规划总平面图

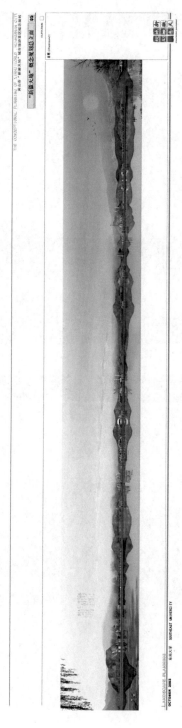

黄山新徽天地城市旅游景区概念规划鸟瞰总立面

黄山新徽天地城市旅游景区概念规划现状图

黄山新徽天地城市旅游景区概念规划鸟瞰

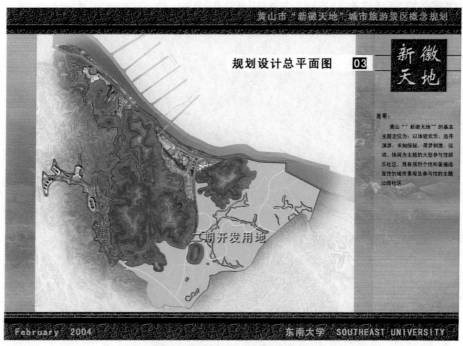

黄山新徽天地城市旅游景区概念规划总平面图

黄山新徽天地城市旅游景区概念规划入口鸟瞰图

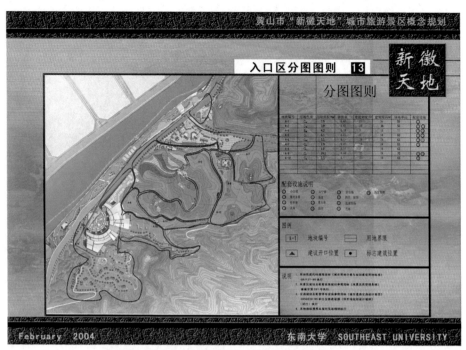

黄山新徽天地城市旅游景区概念规划入口区分图图则

黄山新徽天地城市旅游景区概念规划东部区分区平面图

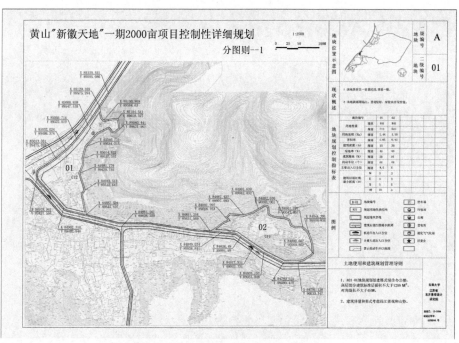

黄山新徽天地城市旅游景区一期控制性详细规划图则

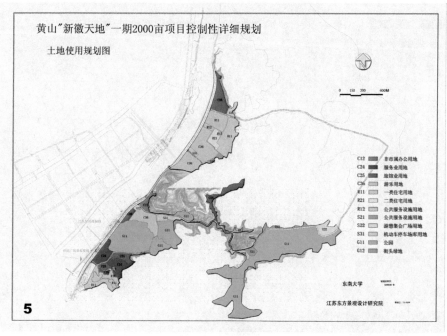

黄山新徽天地一期土地利用规划图

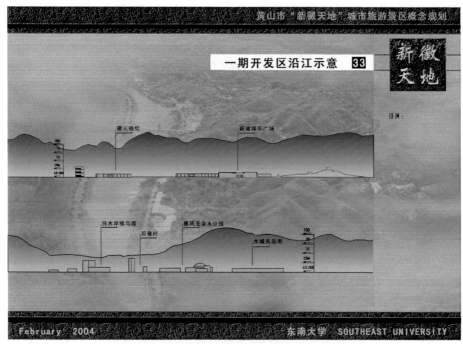

黄山新徽天地城市旅游景区概念规划一期沿江立面示意图

黄山新徽天地城市旅游景区概念规划新徽梦源平面图

黄山新徽天地城市旅游景区概念规划新徽梦源夜景

黄山新徽天地城市旅游景区概念规划新徽梦源西立面图

黄山新徽天地城市旅游景区概念规划新徽梦源入口区透视

黄山新徽天地城市旅游景区概念规划新徽梦源街景透视